Tierspuren & Fährten
in Feld und Wald

Gerd Ohnesorge
Bernd Scheiba

Tierspuren & Fährten

in Feld und Wald

Bassermann

ISBN 978-3-8094-2071-2

Umschlaggestaltung: Atelier Versen, Bad Aibling
Zeichnungen: Gerd Ohnesorge
Layout und Umschlagzeichnungen: Gerd Ohnesorge
Konzeption: Gerd Ohnesorge, Karl Uhlenhaut
Text: Bernd Scheiba

FSC
Mix
Produktgruppe aus vorbildlich bewirtschafteten Wäldern und Recyclingholz oder - fasern
www.fsc.org Zert.-Nr. SGS-COC-004278
© 1996 Forest Stewardship Council

Verlagsgruppe Random House FSC-DEU-0100
Das für dieses Buch verwendete FSC-zertifizierte Papier *Profimatt* wird von Sappi im Werk Ehingen, Deutschland gefertigt.

Druck: Těšínská Tiskárna a.s., Český Těšín

Printed in the Czech Republic

817 2635 44

Inhalt

Auf der Spur

Frische Trittspuren im Erdreich des Waldweges, ein verlassenes Vogelnest im Gebüsch, sorgfältig geschnittene und gerollte Blätter einer Birke, kunstvoll gewebte Netze zwischen den Kräutern mit Halte-, Fang- und Stolperfäden – überall begegnen dem aufmerksamen Naturbeobachter die Spuren und Zeichen weit häufiger als das Tier selbst. Die Baumeister, Fallensteller, Netzkonstrukteure und Blattwickler sehen wir aufgrund ihrer versteckten Lebensweise, ihrer guten Tarnung oder ihrer Winzigkeit nur äußerst selten.

Unsere Illustrationen schlagen die notwendige Brücke zwischen Spur und Tier. Sie wurden überwiegend nach Naturobjekten oder Präparaten gezeichnet.

Bei der Artenauswahl haben wir uns ausdrücklich nicht an der üblichen Palette orientiert, sondern auch bisher selten oder noch gar nicht dargestellte Tierzeichen aufgenommen.

Die schematischen Tierzeichnungen ermöglichen eine grobe Orientierung in Hinblick auf die entsprechende Tiergruppe oder Art. Die Größenverhältnisse konnten dabei natürlich in geringem Maße Berücksichtigung finden.

Mit einem Pfeil wird der Leser vom Spurenbild auf die Beschreibung der jeweiligen Art verwiesen. Dort findet er über die systematische Einordnung hinaus alle notwendigen Zusatzinformationen zum Tier selbst und seiner Lebensweise.

Möge das Buch den interessierten „Spurenlesern“ ein hilfreicher Begleiter beim großen Abenteuer Natur sein!

Gerd Ohnesorge
Bernd Scheiba
Karl Uhlenhaut

Trittsiegel, Fährten, Spuren

Benutzerhinweise:

1 2 3	identische Numerierung von Spur, Skizze und Legende
→	Verweis auf die Beschreibung der Tiergruppe oder -art
⟶ (fett)	besonders typische Merkmale
RV	rechts vorn
LH	links hinten

Bei vielen sehr ähnlichen Tierarten finden sich wichtige Informationen in der Beschreibung der Gruppe (z.B. Familie Gallwespen).

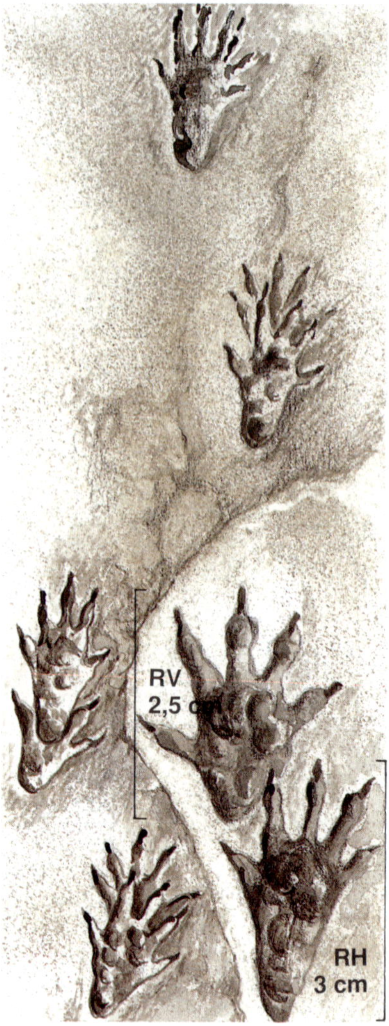

1 Igel → *309*
breitbeinige Gehspur

2 Maulwurf → *309*
Gehspur mit starken
Abdruckpunkten der Krallen

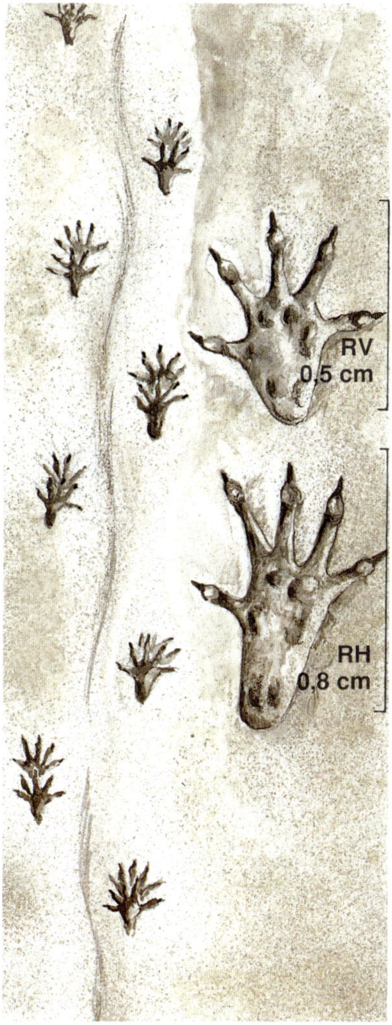

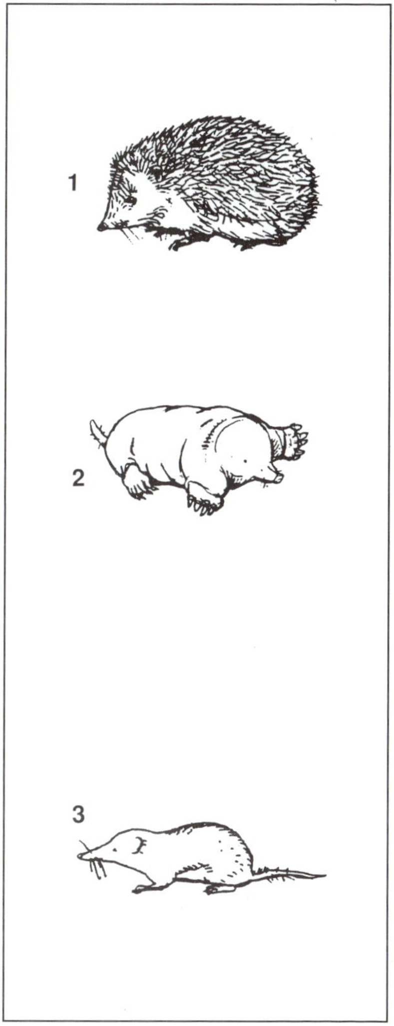

3 Spitzmaus → *310*
Gehspur auf weichem Untergrund
- Abdruck des Schwanzes

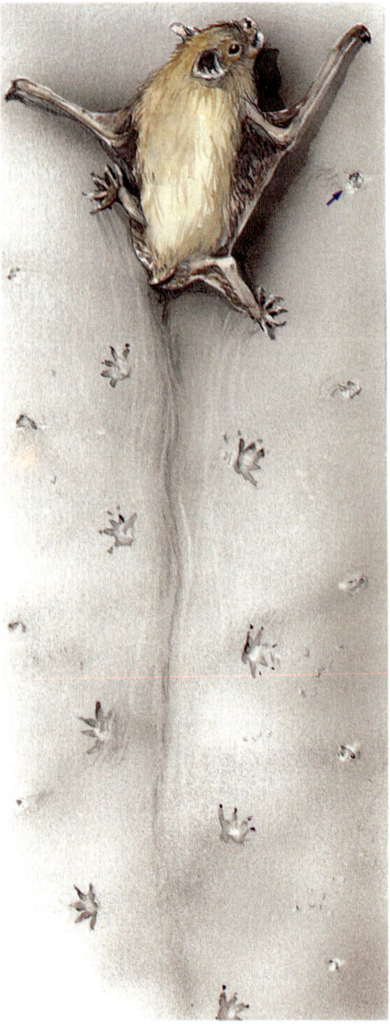

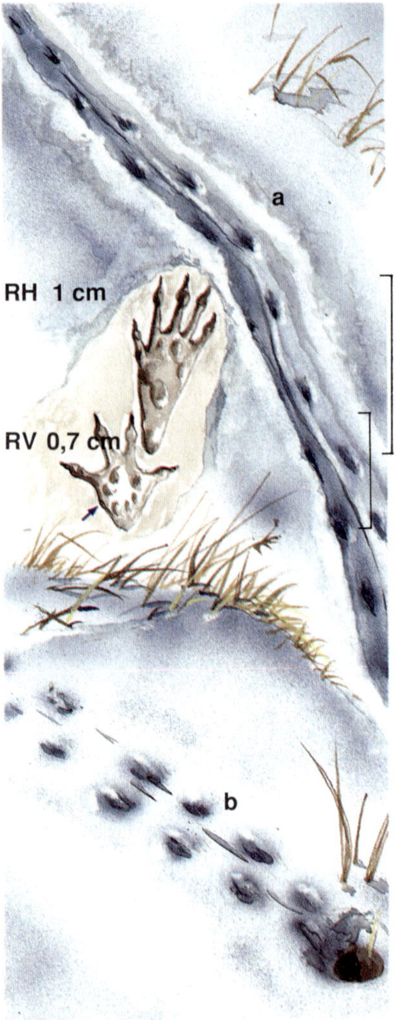

1 Fledermaus → *310*
Gehspur - Abdrücke im Bodenstaub

2 Wühlmaus → *315*
a Laufspur
b Hüpfspur

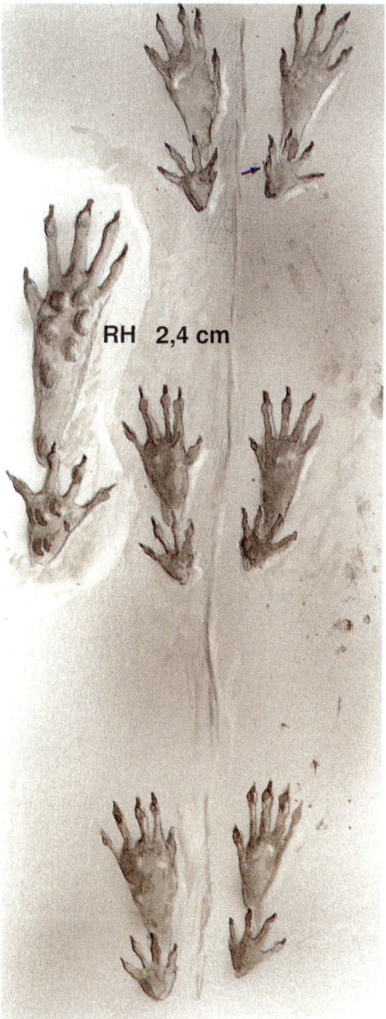

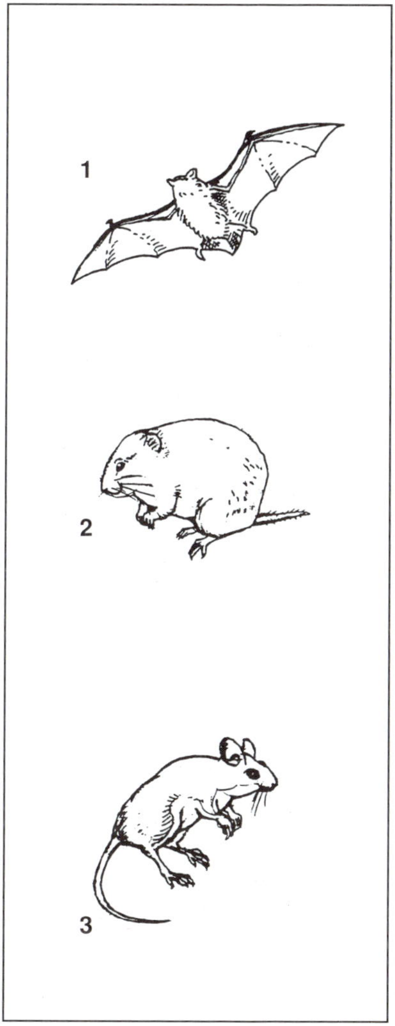

3 Langschwanzmaus → *313*
Gehspur (Schwanzspur
nur im tiefen Schnee)

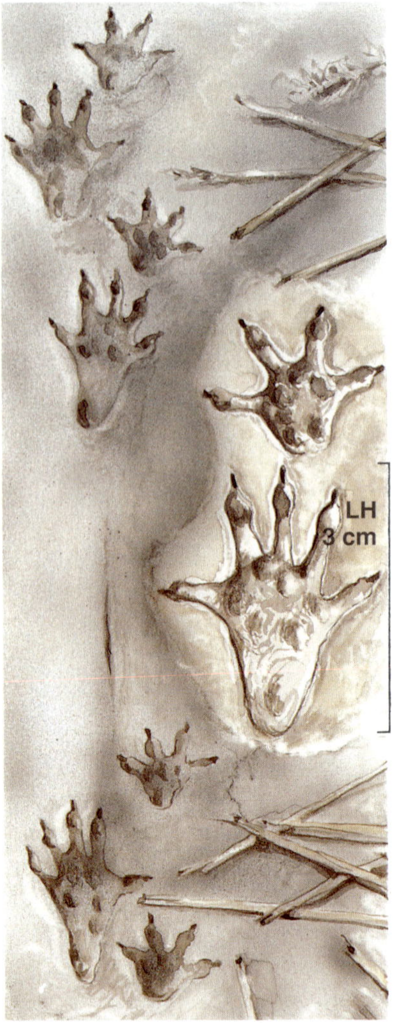

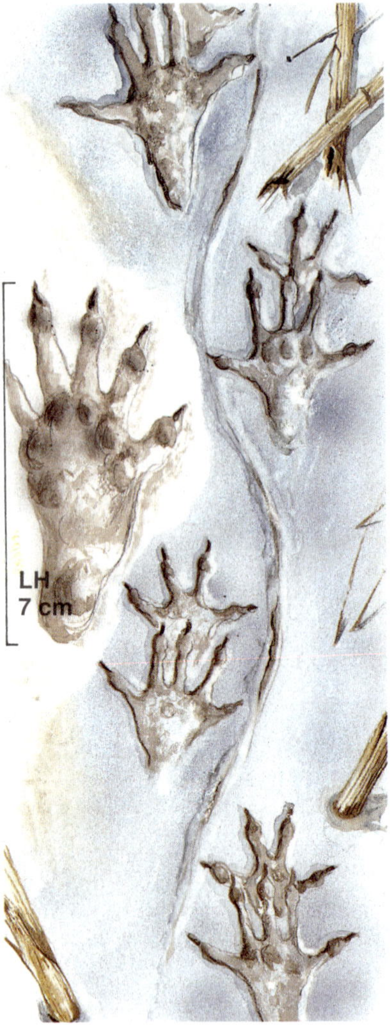

1 Wanderratte → *315*
Gehspur, Trittsiegel deutlich größer als bei Mäusen

2 Bisamratte → *316*
Gehspur - schlängelnd, deutlicher Schwanzabdruck auf weichem Boden

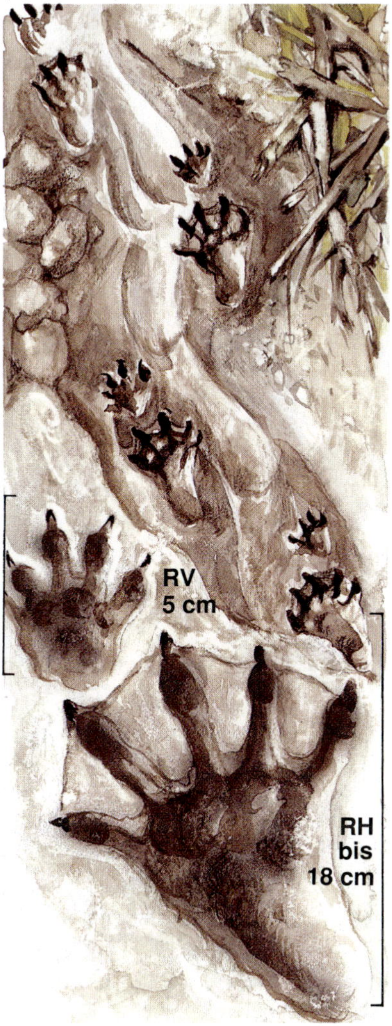

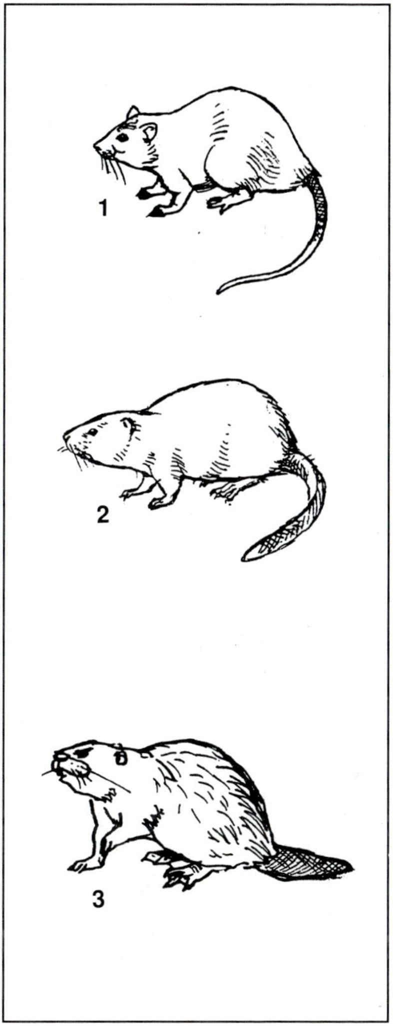

3 Biber → *313*
Gehspur (in Ufernähe),
Abdrücke der pendelnden Kelle

1 Feldhamster → *317*
Gehspur (vergleiche auch Wanderratte S. 12)

2 Alpenmurmeltier → *312*
Gehspur, Trittsiegel nur im Sprunglauf nebeneinander

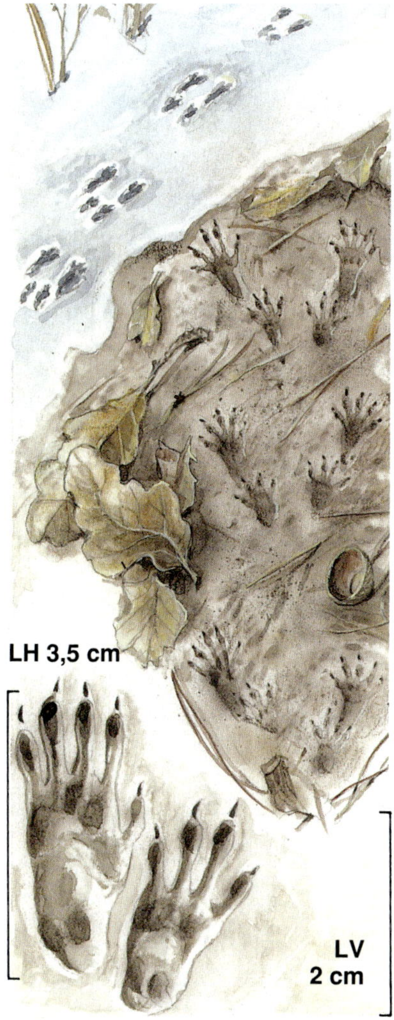

3 Eichhörnchen → *312*
Sprungspur, Hinterfüße setzen breit vor den Vorderfüßen auf

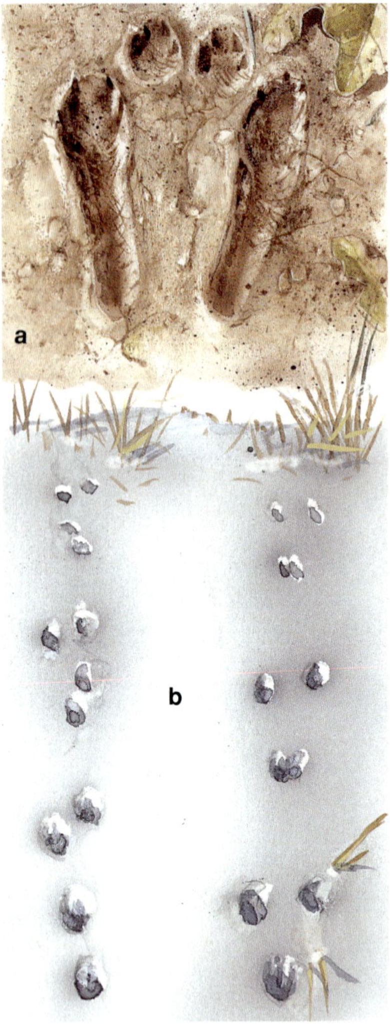

1 Kaninchen → *311*
a Sitzspur
b Laufspur, Hinterfüße setzen vor den Vorderfüßen auf
links: "Hasentyp"
rechts: "Eichhörnchentyp"

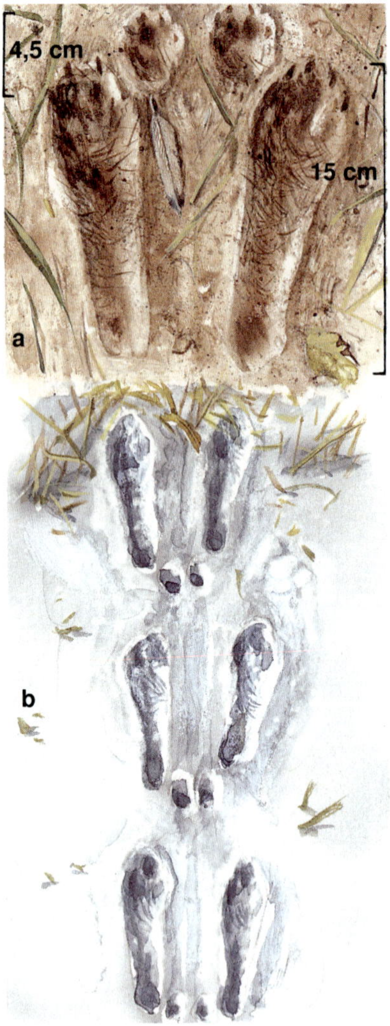

2 Feldhase → *311*
a Sitzspur
b Rutschspur, Abdrücke der gesamten Hinterfüße

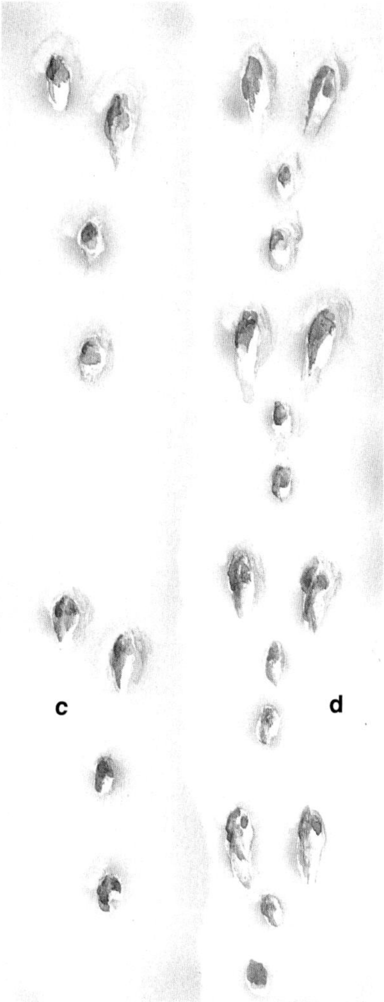

2 Feldhase → *311*
c flüchtend, bei hohem Tempo weite Abstände der Abdrücke
d hoppelnd, Abdrücke größer, Abstände kleiner

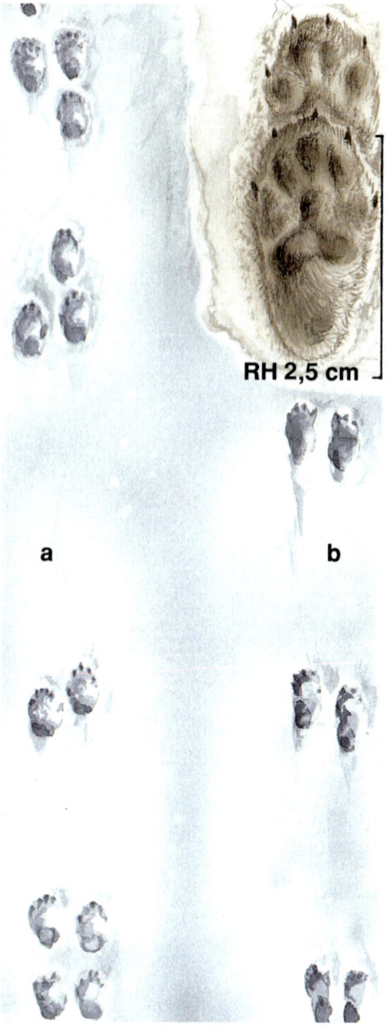

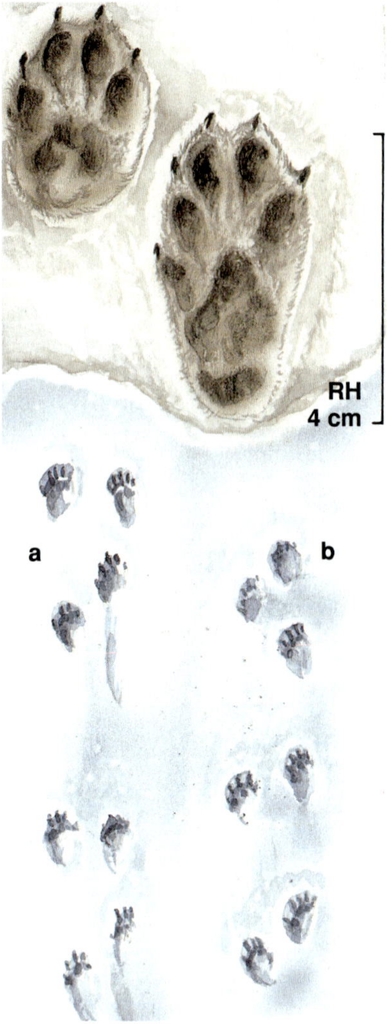

1 Hermelin → *320*
a Hüpfspur
ähnlich auch beim Mauswiesel
(dort aber insgesamt kleiner)
b Fluchtspur

2 Iltis → *321*
a Fluchtspur
b Laufspur

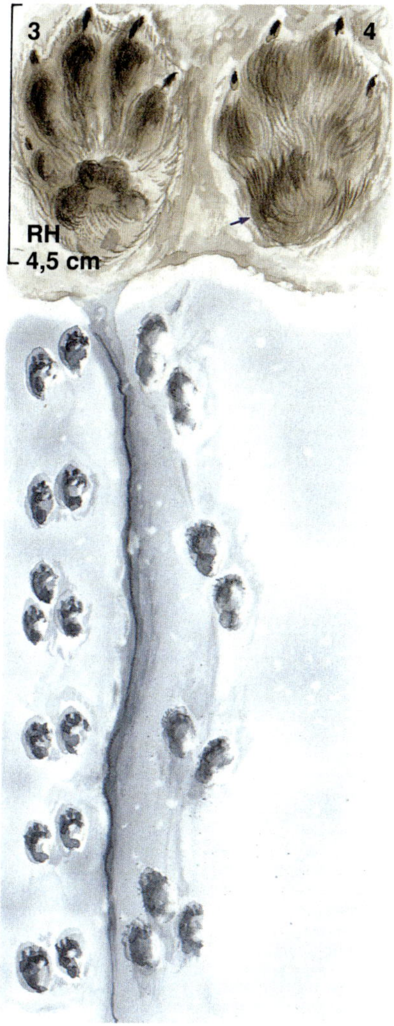

3 Steinmarder → *320*
4 Baummarder → *320*
rechts: Hasensprung

Spuren ähnlich, aber Zehenballen des Baummarders behaart

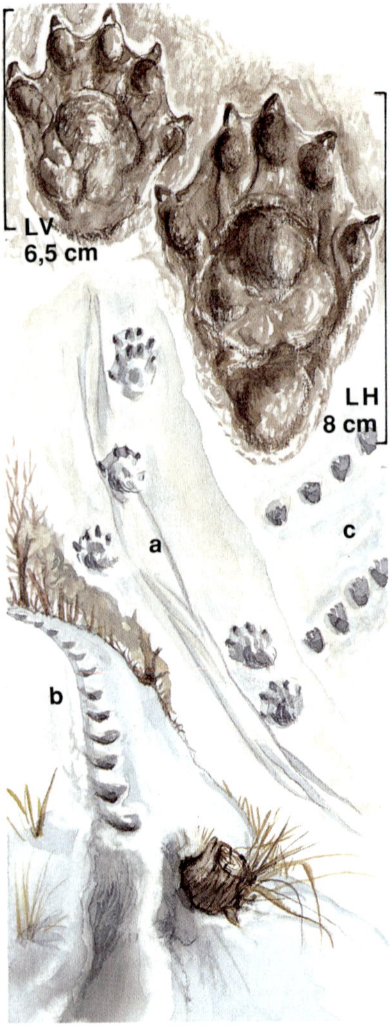

1 Fischotter → *321*
a Trabspur
b Hüpfspur
c Fluchtspur

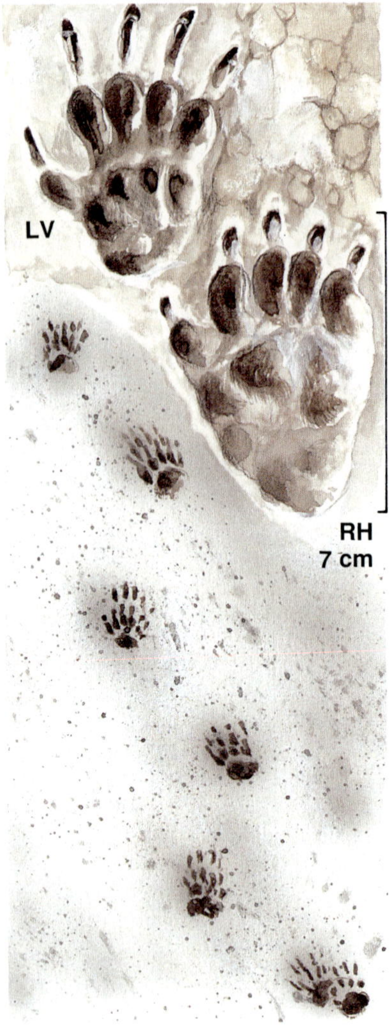

2 Dachs → *322*
Trabspur - lange Nagelabdrücke

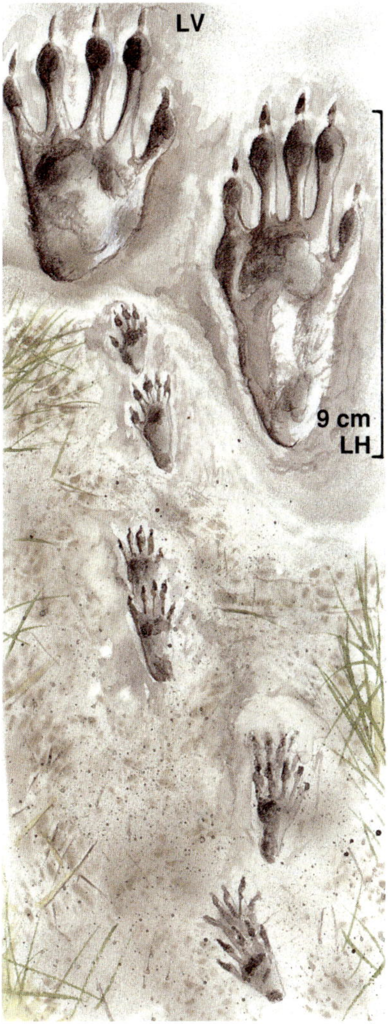

3 Waschbär → *319*
Trabspur, Aufsetzen des gesamten Hinterfußes

1 Braunbär → *319*
unverwechselbar durch
Form und Größe

2 Rotfuchs → *318*
a schleichend
b versammelnd
c flüchtend
d schnürend (Trab)

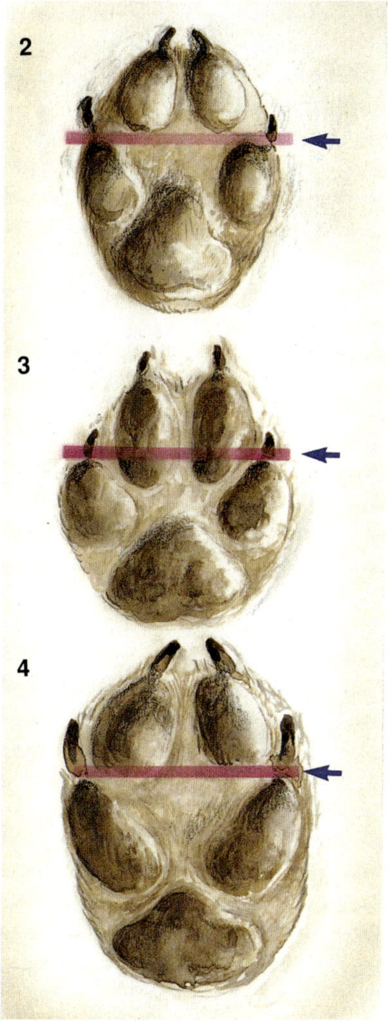

3 Haushund
(rundlich)

4 Wolf → *318*

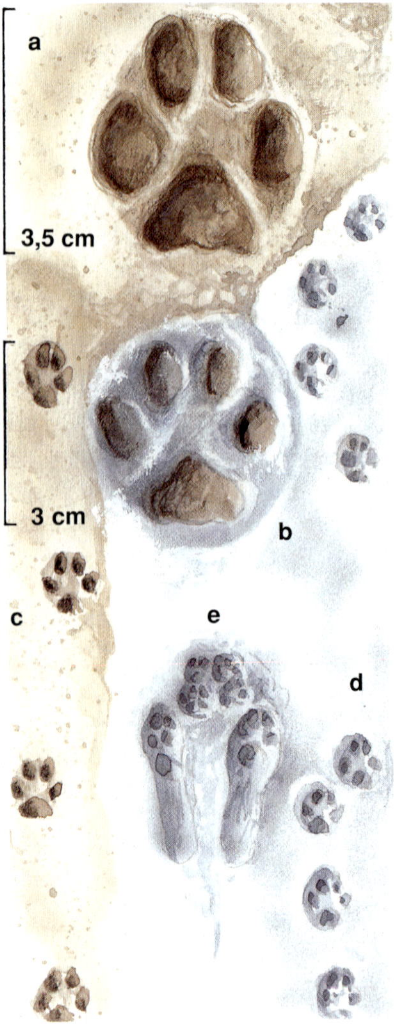

1 Katze → *322*
(keine Krallenabdrücke)
a Wildkatze
b Hauskatze
c schnürend
d flüchtend
e Sitzspur

2 Luchs → *322*
Schreitspur

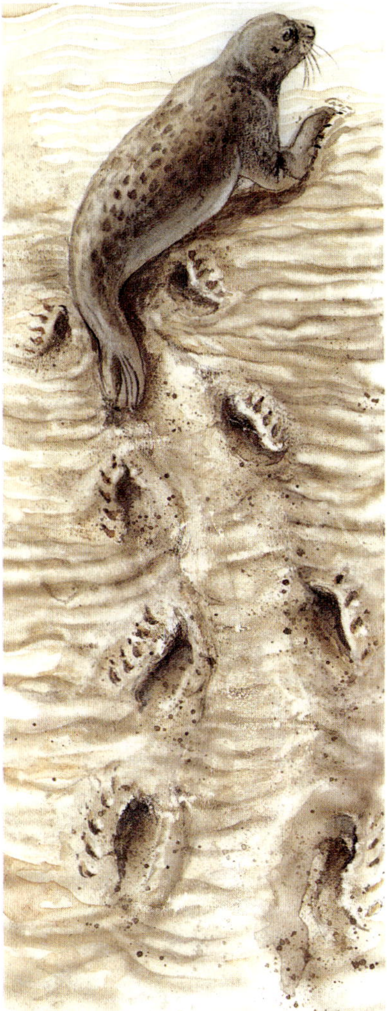

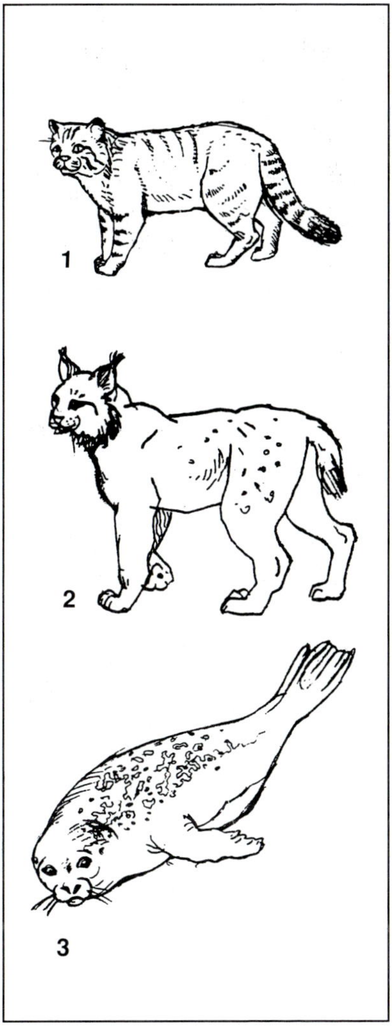

3 Seehund → *323*
Schleifspur des gesamten Körpers

1 Wisent → *327*
ruhiger Gang
2 Hausrind

3 Elch → *325*
(Afterklauen auf weichem Boden abgedrückt)
a ziehend
b trabend

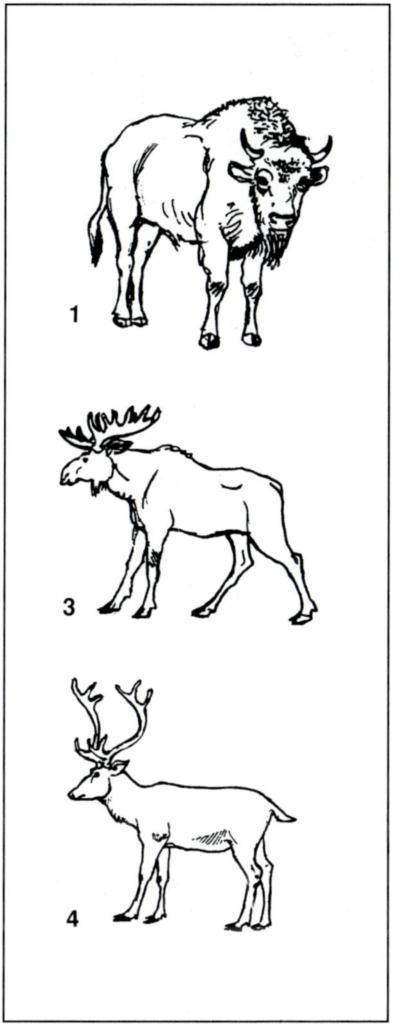

4 Ren → *325*
(halbmondförmige Schalen)
a ziehend

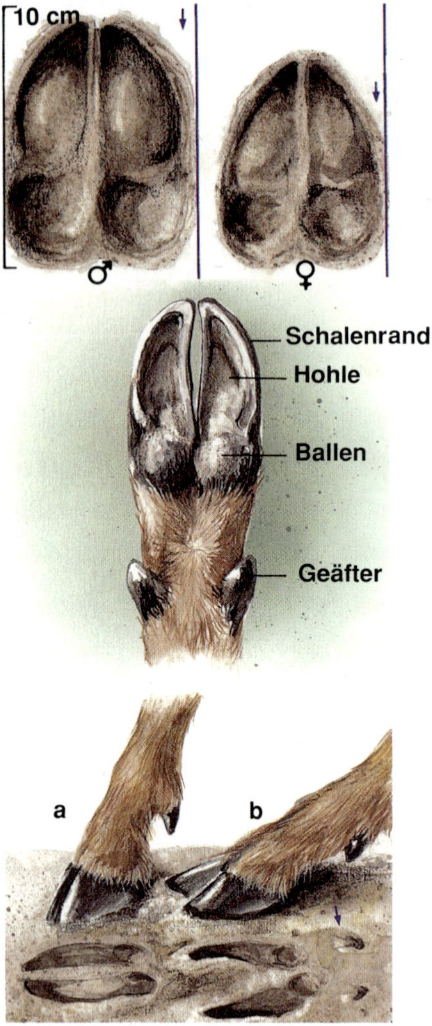

1 Rothirsch → *324*
a ziehend
b flüchtend

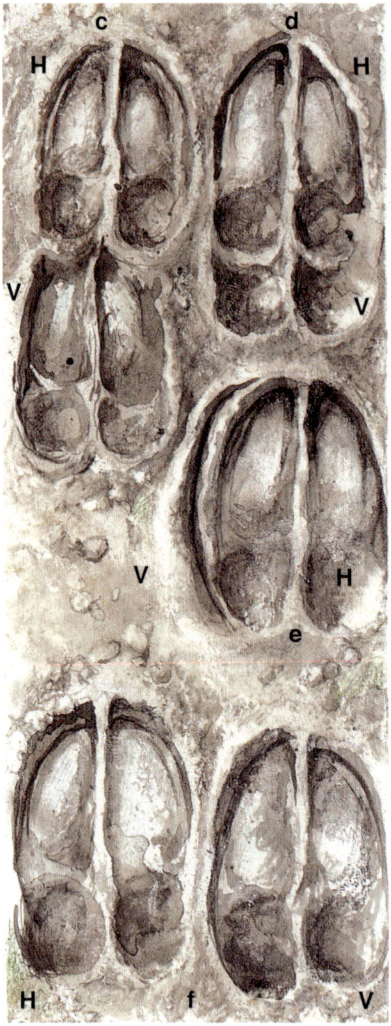

1 Rothirsch → *324*
c Übereilen
d schwaches Übereilen
e Blenden
f Beitritt

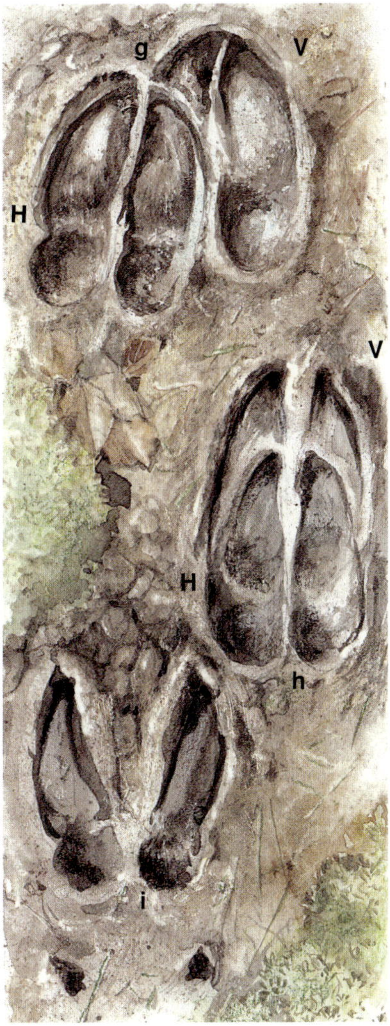

1 Rothirsch → *324*
g Kreuztritt
h Feisthirsch, zurückbleibend
i flüchtend

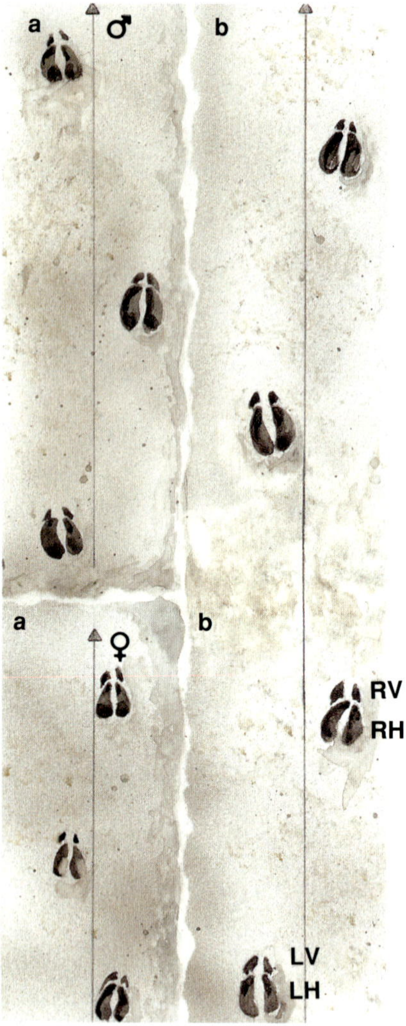

1 Rothirsch → *324*
a Gang
b Trab

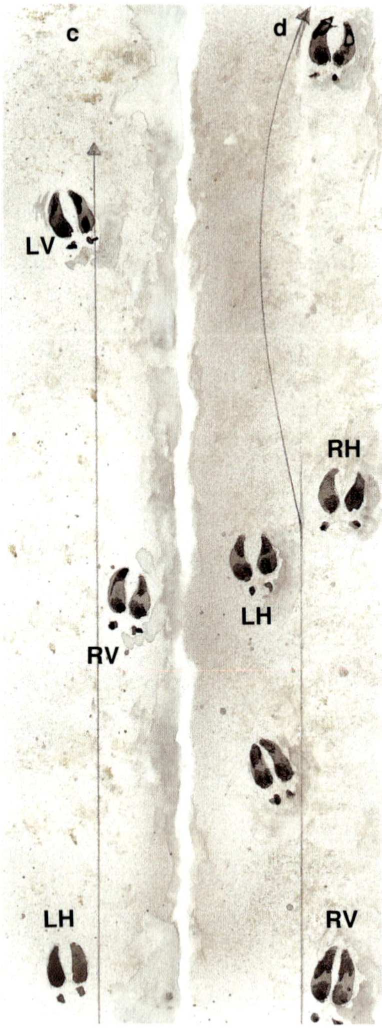

1 Rothirsch → *324*
c Galopp
d Sprung

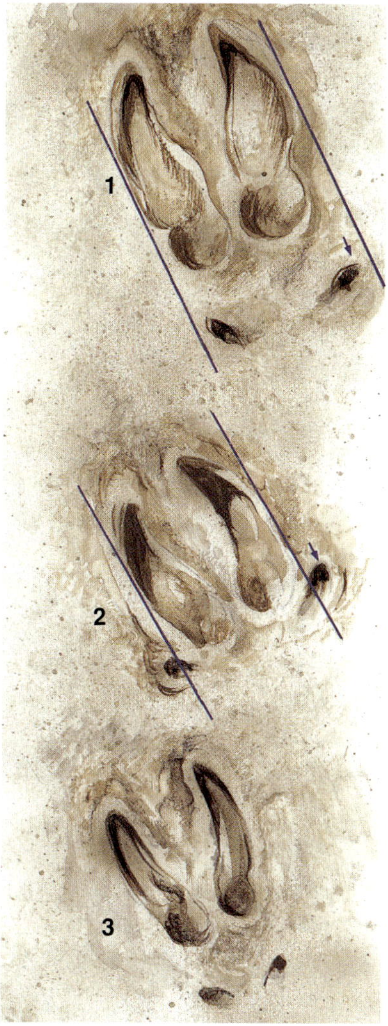

Afterklauen bei flüchtenden Tieren:

1 Rothirsch → *324*

2 Wildschwein → *323*

3 Reh → *324*

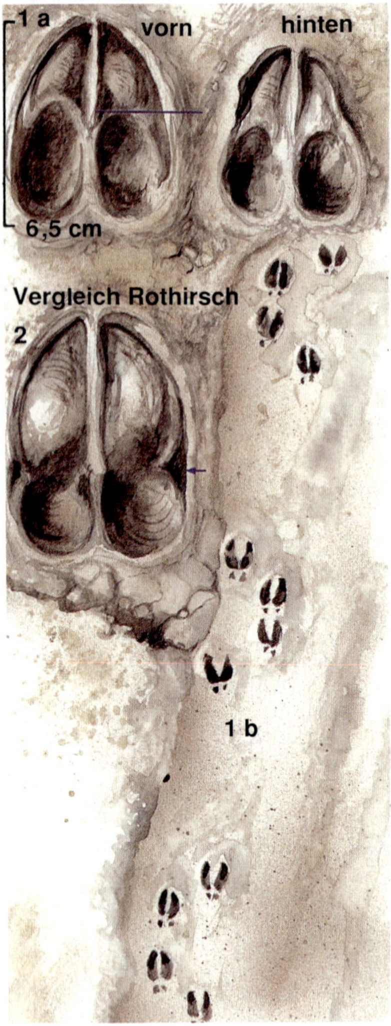

1 Damhirsch → *324*
a Schalen
b flüchtend
2 Rothirsch → *324*

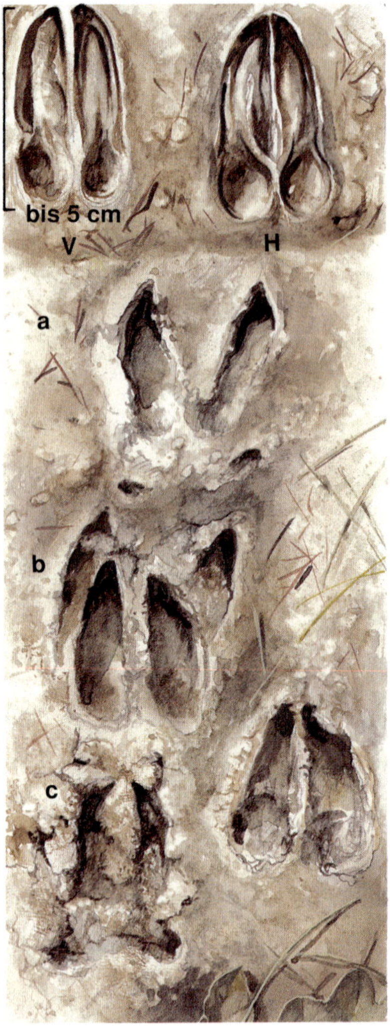

3 Reh → *324*
a nach Sprung stark aufsetzend
b bremsend
c im lockeren Boden

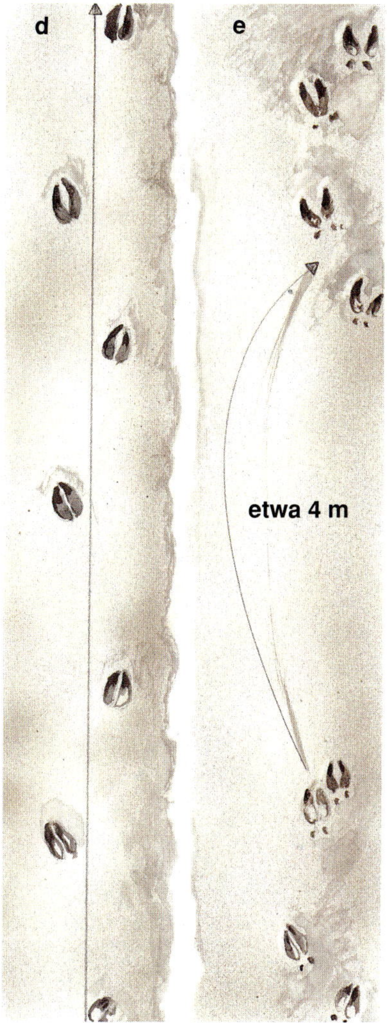

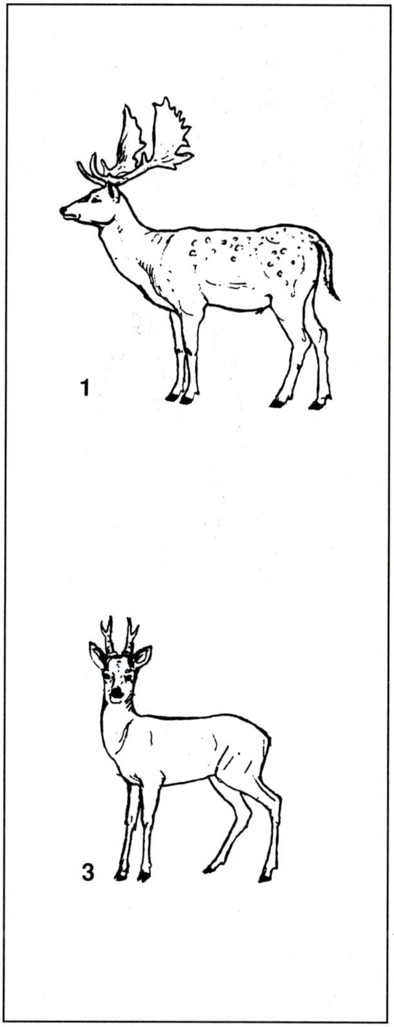

3 Reh → *324*
d ziehend
e flüchtend

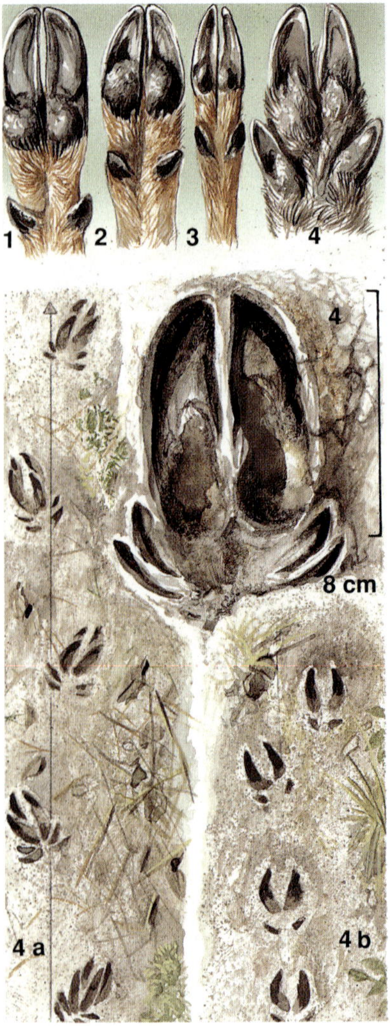

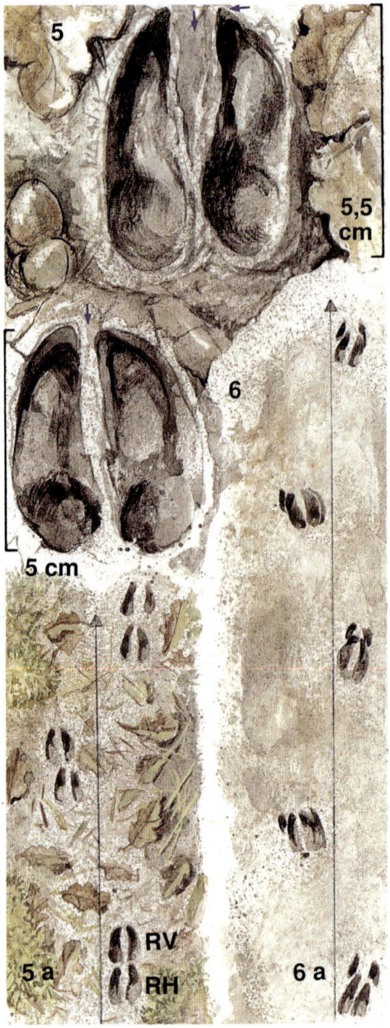

1 Rothirsch → *324*
2 Damhirsch → *324*
3 Reh → *324*
4 Wildschwein → *323*
a ziehend
b Sprung

5 Mufflon → *326*
a trabend
6 Hausschaf
a ziehend

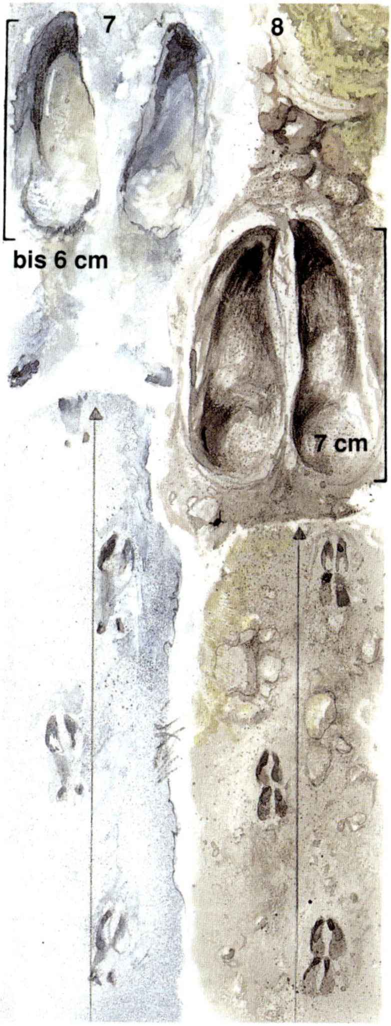

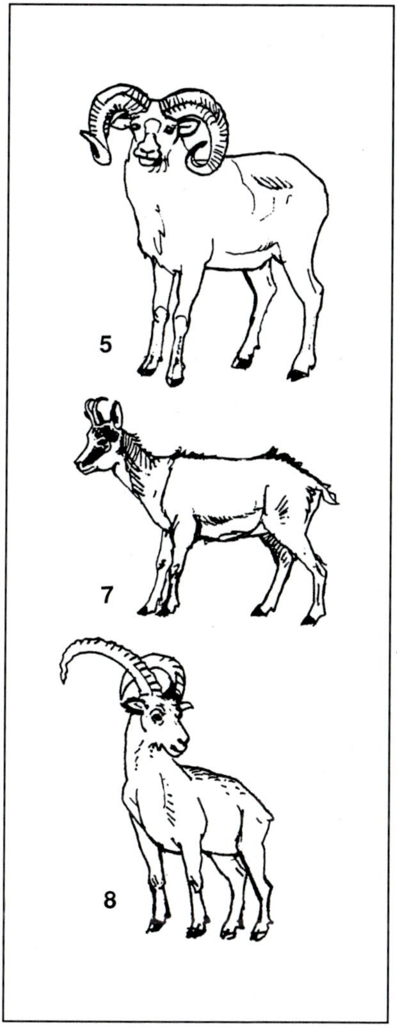

7 Gemse → *326*

8 Alpensteinbock → *326*
schnell ziehend

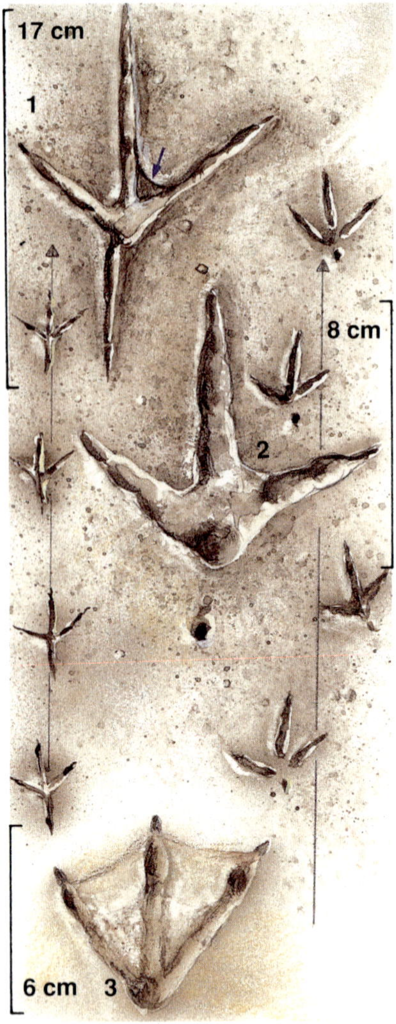

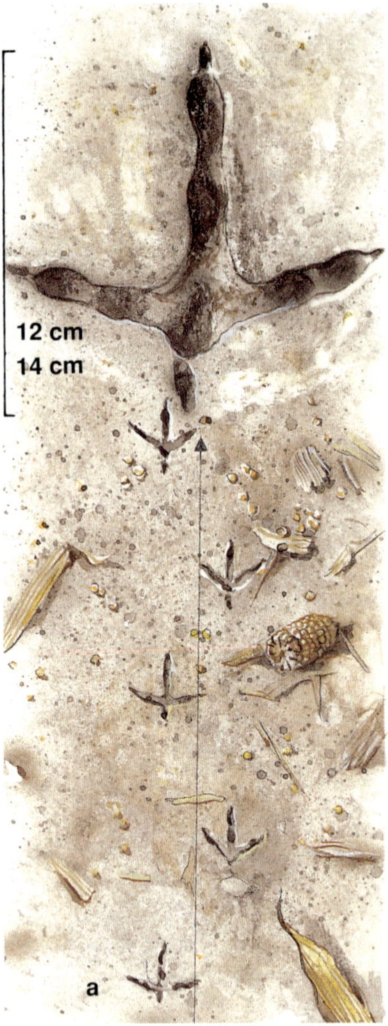

1 Graureiher → *276*
2 Weißstorch → *277*
3 Rosaflamingo → *277*

4 Kranich → *287*
a Schreitspur

5 Großtrappe → *286*
a Schreitspur

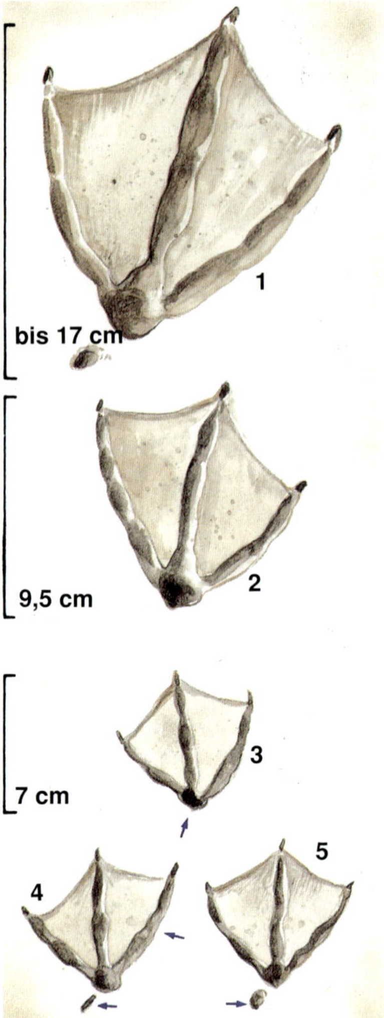

1 Schwan → *278*
2 Graugans → *278*
3 Stockente → *279*

4 Tauchente
z.B. Tafelente → *279*
5 Schwimmente
z.B. Stockente → *279*

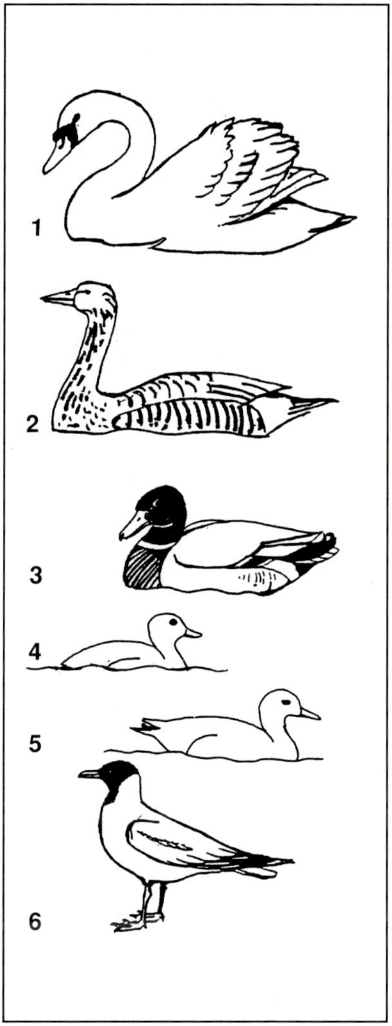

6 Lachmöwe → *289*

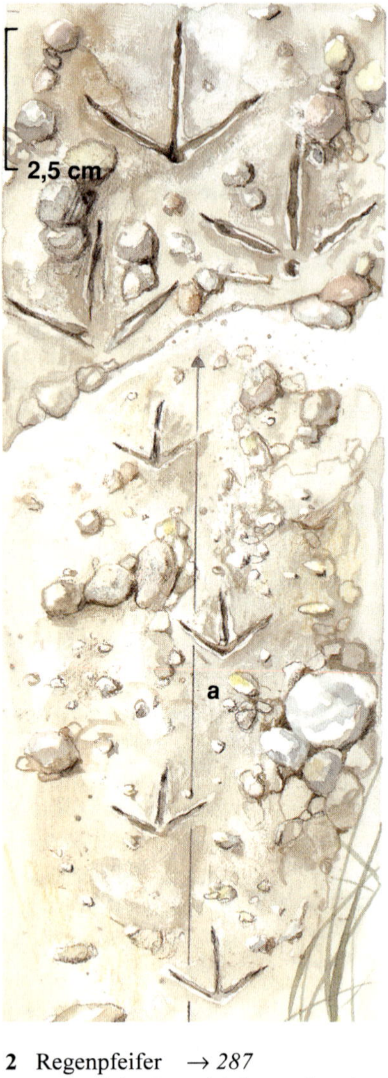

1 Großer Brachvogel → *288*
a Spur leicht geschränkt

2 Regenpfeifer → *287*
a zierliche Spur, leicht geschränkt

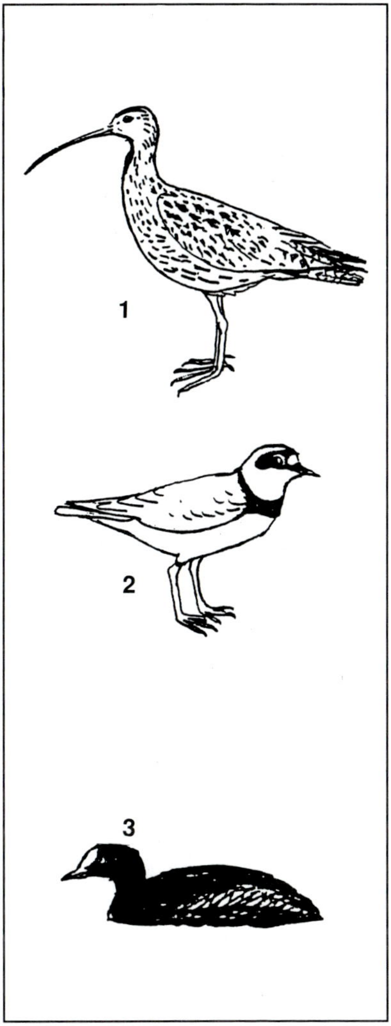

3 Bläßralle → *285*
a Spur geschränkt

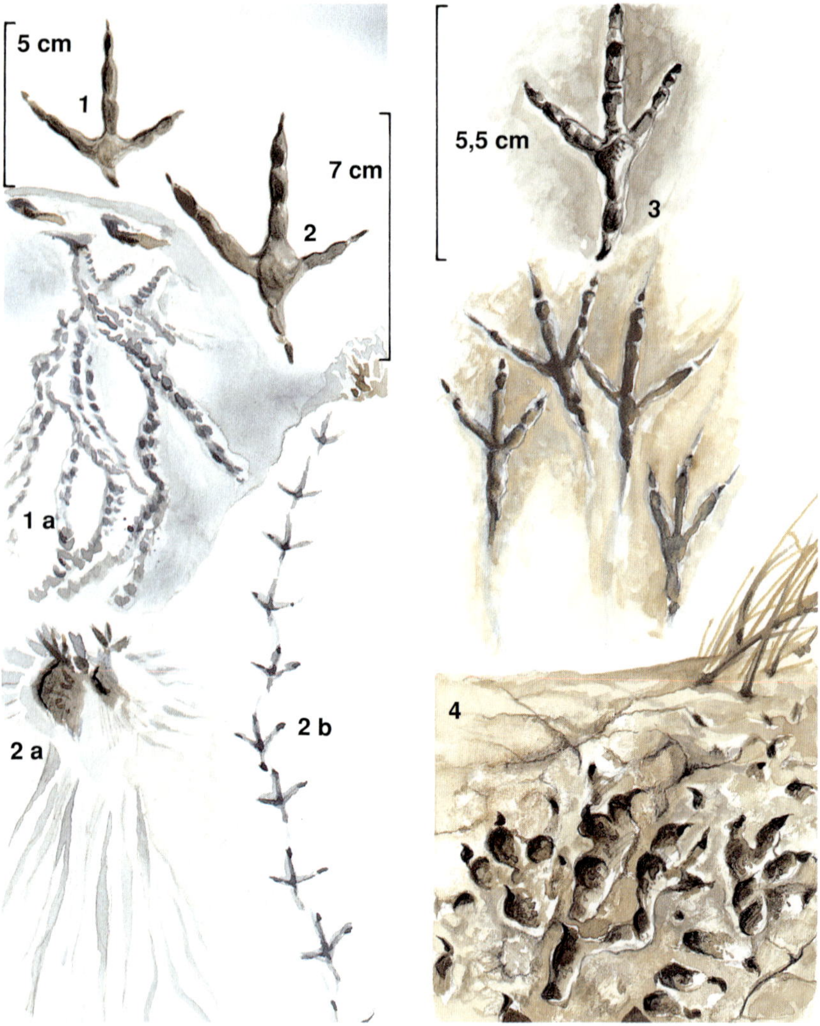

1 Rebhuhn → *285*
a Kettenspur im Schnee
2 Jagdfasan → *285*
a Landung im Schnee
b Schreitspur

3 Ringeltaube → *291*
4 Fischadler → *282*
(im Schlamm)

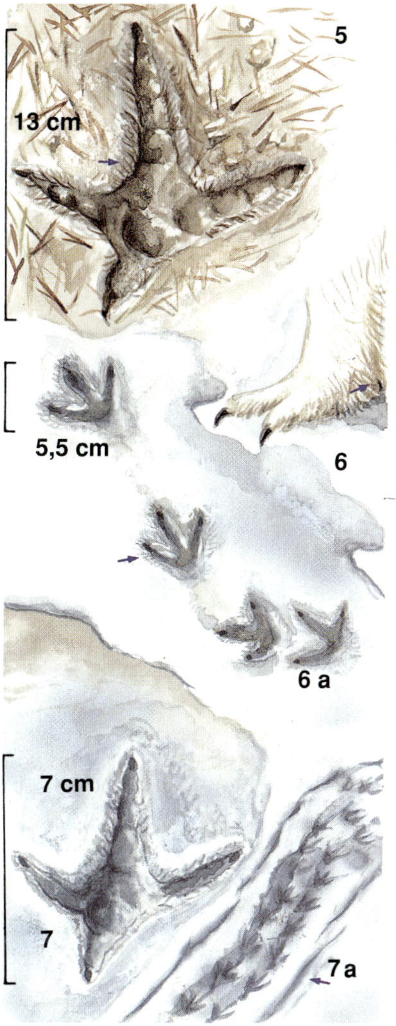

5 Auerhuhn → *283*

6 Alpenschneehuhn → *284*
a Laufspur

7 Birkhuhn → *284*
a Laufspur

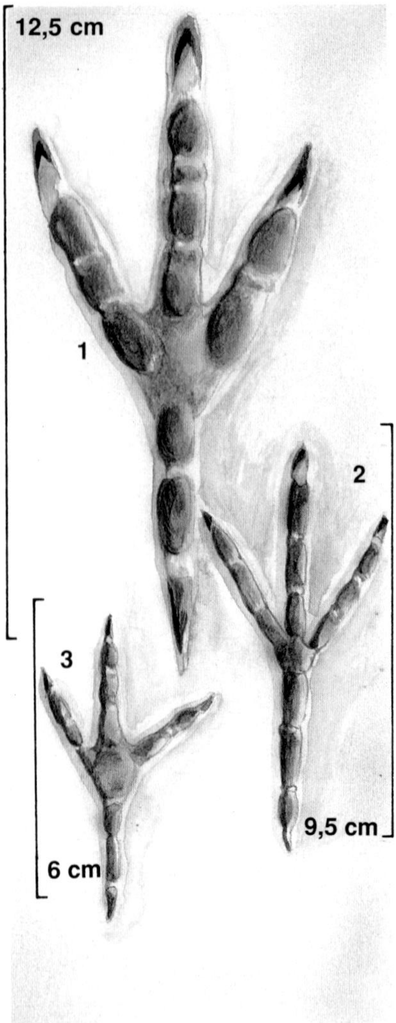

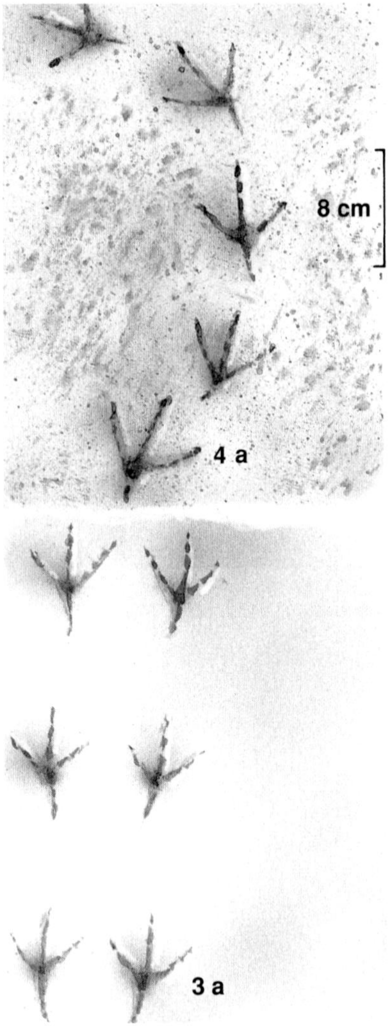

1 Kolkrabe → *300*
2 Rabenkrähe → *299*
3 Elster → *300*
a Hüpfspur

4 Saatkrähe → *299*
a Gehspur

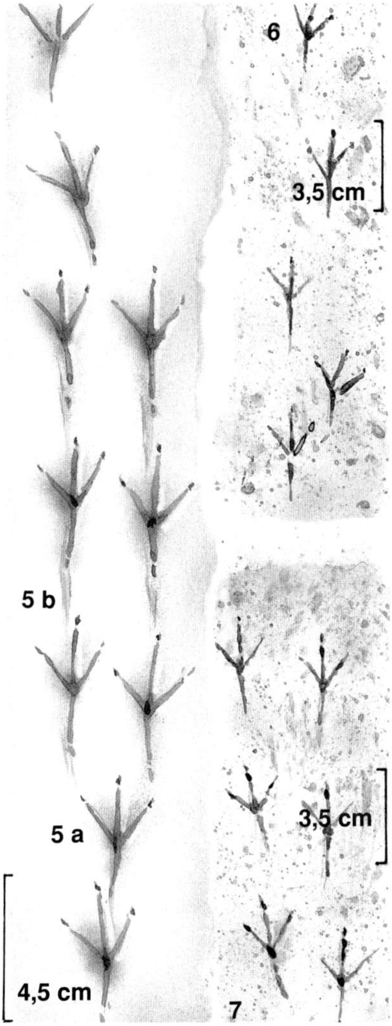

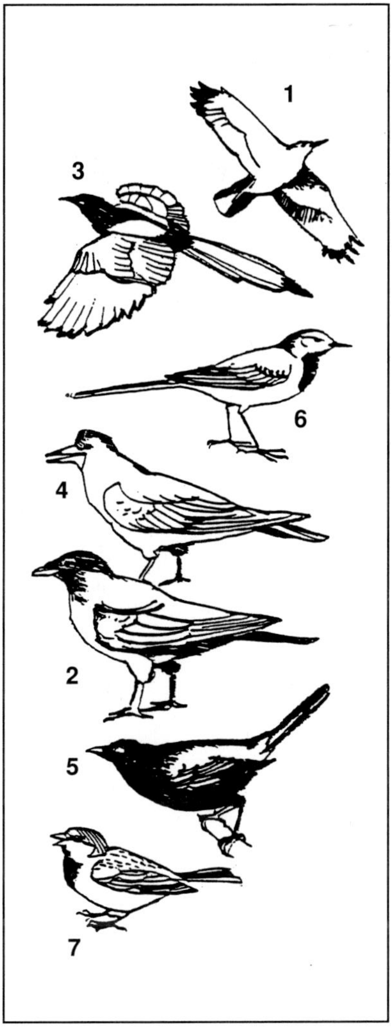

5 Amsel → *302*
a Gehspur
b Hüpfspur
6 Bachstelze → *304*
Schreitspur
7 Haussperling → *308*
Hüpfspur

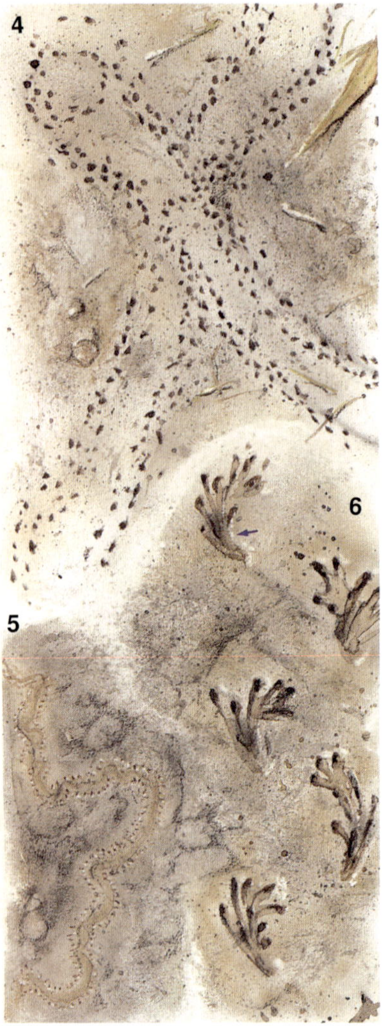

1 Teichmuschel → *217*
2 Wegschnecke → *215*
3 Regenwurm → *215*

4 Amerikanischer Flußkrebs → *218*
5 Laufkäfer → *232*
6 Erdkröte → *272*

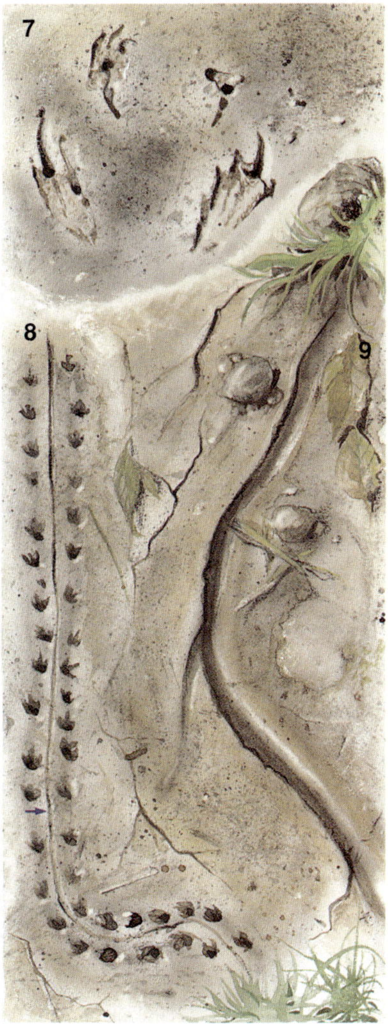

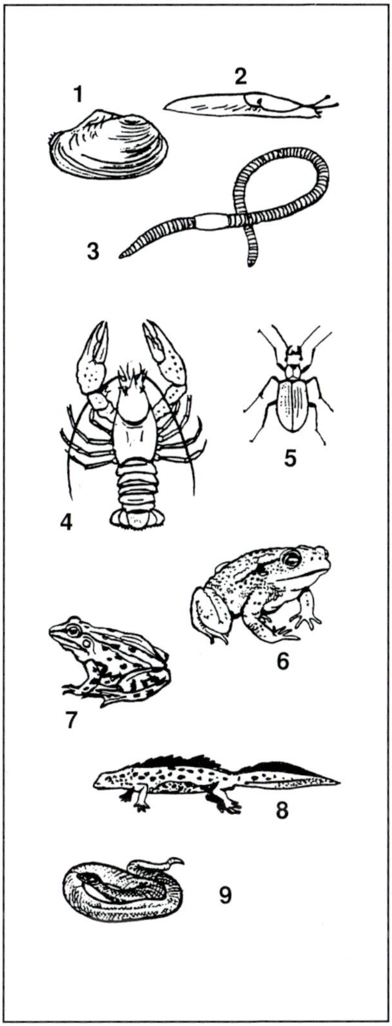

7 Grasfrosch → *273*
8 Teichmolch → *271*
9 Ringelnatter → *275*

Pässe, Wechsel, Ausstiege

1 Feldhase → *311*

a Wechsel mit abgebissenen Halmen

b Sasse und Wechsel

2 Kaninchen → *311*

3 Steinmarder → *320*
a Durchschlupf (auch vom Igel genutzt)

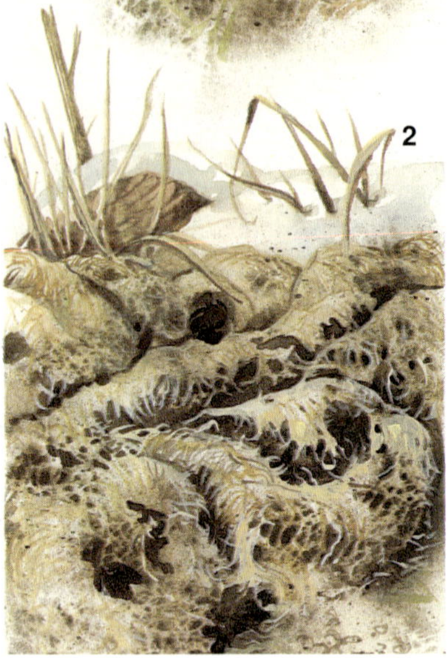

1 Feldmaus → *315*

2 Erdmaus → *315*

3 Feldhamster → *317*

4 Wanderratte → *315*
a Schmutzspur
b Spur im Staub

1 Bisamratte → *316*
Schwimmwechsel (schmal)
und Nest

2 Biber → *313*
Schwimmwechsel
mit Schlammaushub

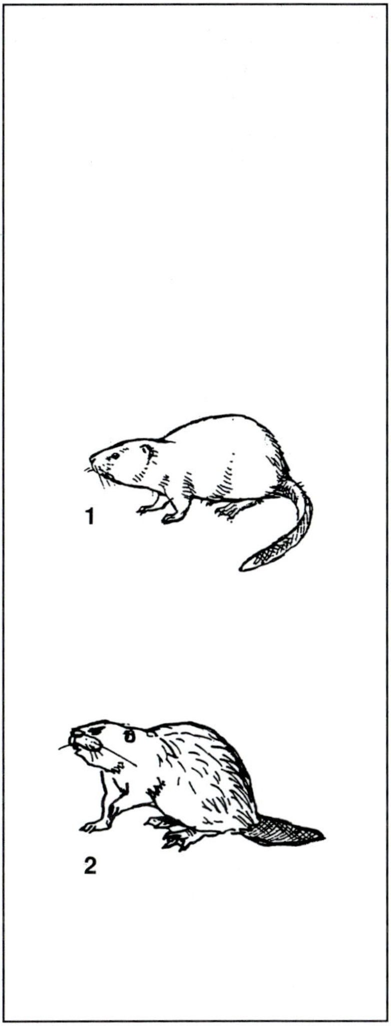

2 Biber → *313*
Knüppelbau und Ausstieg

1 Reh → *324*

2 Hirsch → *324*

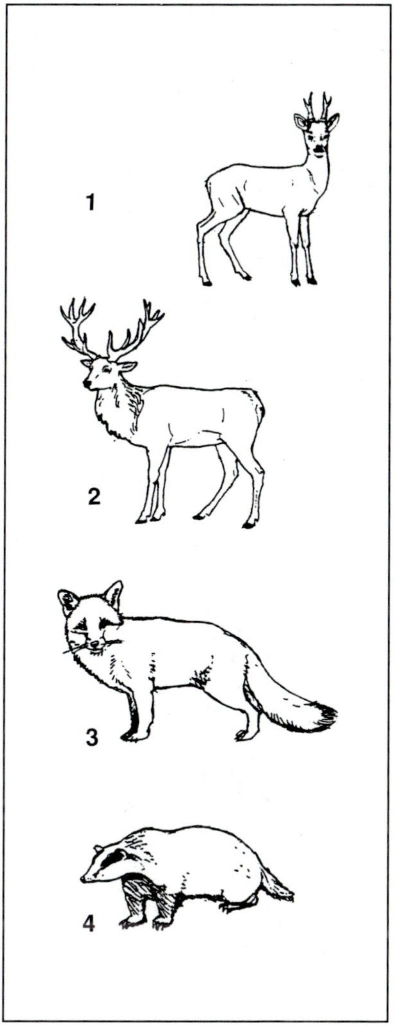

3 Rotfuchs → *318*
4 Dachs → *322*

tunnelförmig, auf Haare achten!

1 Wildschwein → *323*
Wechsel - oft durch Morast

2 Mufflon → *326*
Wechsel am Berghang

3 Alpensteinbock → *326*
helle Wechsel-Pfade an Berghängen

1 Jagdfasan → *285*
Lauftunnel im hohen Gras

2 Birkhuhn → *284*
Balzplatz

3 Auerhuhn → *283*
Balzplatz auf kleiner Lichtung

4 Kampfläufer → *288*
Balzplatz auf Feuchtwiese
(breitgetretener Kot - Gestüber)

Reviermarken

1 Rotfuchs → *318*
Kot an exponierten Stellen
als wirksames Signal

2 Hauskatze
Kratzspuren - Reviermarkierung
und Krallentest

1

3

3 Biber → *313*
Markierungshügel (Schlamm) mit Duftstoffen

1 Wildschwein → *323*
Malbaum und Suhle (Geruch!)

2 Hirsch → *324*
a Malbaum (Höhe der Malstellen!)

2 Hirsch → *324*

b Fegebäume (der Hirsch fegt den Bast vom voll ausgebildeten Geweih)

1 Damhirsch → *324*
Brunftkuhle - Standplatz während der Brunft (Markierung mit Harn)

2 Reh → *324*
Hexenring (Platz, an dem der Bock die Ricke treibt) und Plätz- und Fegestelle des Rehbockes

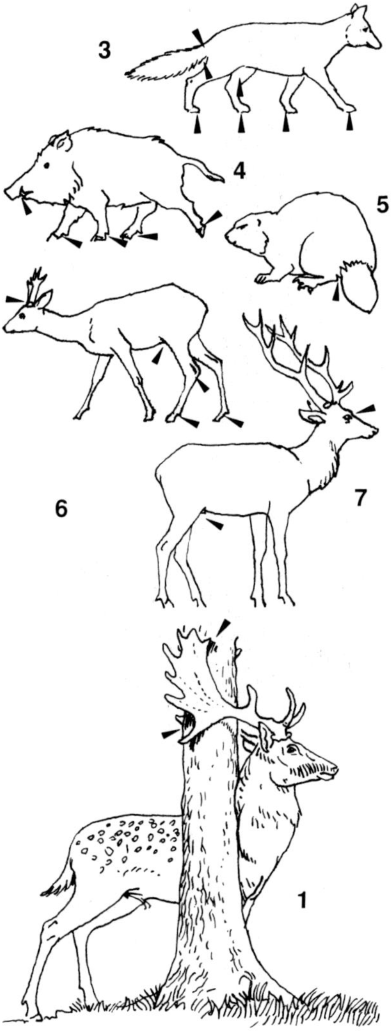

Duftdrüsen:

3 Rotfuchs → *318*

4 Wildschwein → *323*

5 Biber → *313*

6 Reh → *324*

7 Hirsch → *324*

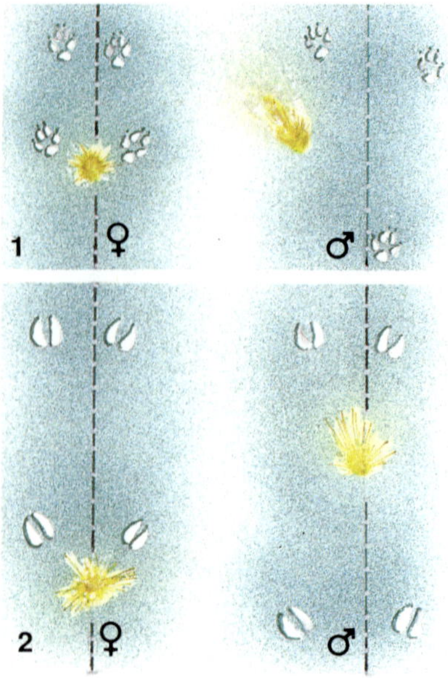

1 Rotfuchs → *318*
Harnplatz

2 Reh → *324*
Harnplatz

3 Kaninchen → *311*

4 Wildschwein → *323*
- **a** Hauermarken des Keilers
- **b** Malbaum
- **c** Schaummarken des Keilers während der Brunft

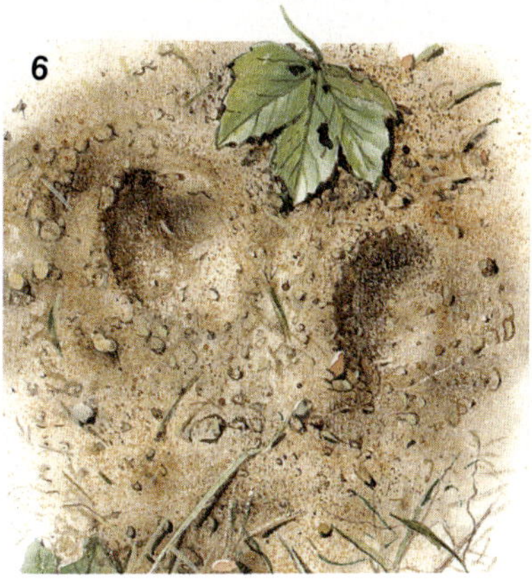

5 Jagdfasan → *285*
Staubbad

6 Haussperling → *308*
Staubbad

Wohnbauten und Lager

1 Igel → *309*
Winterlager

2 Maulwurf → *309*
angeschnittener Maulwurfshügel
mit „Burg“

3 Feldhase → *311*
Sasse in Gras und Schnee

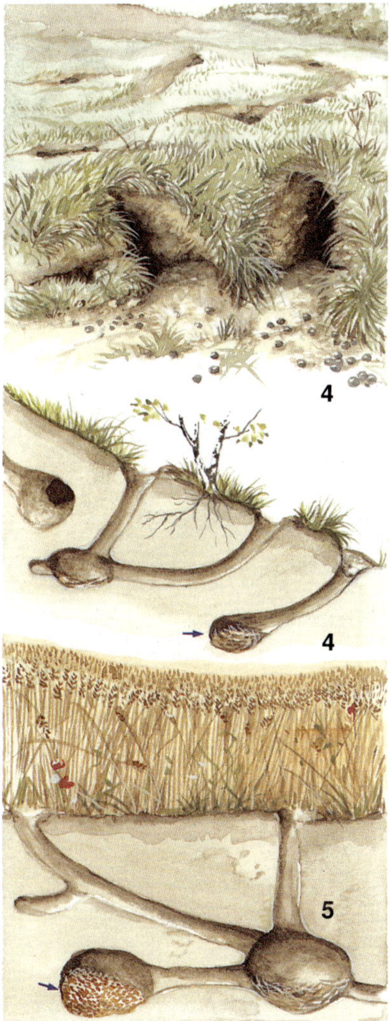

4 Kaninchen → *311*
Bau mit Wurfkessel

5 Feldhamster → *317*
Bau mit Kot-, Vorrats- und Wohnkammer

1 Alpenmurmeltier → *312*

2 Bisamratte → *316*
Eingang unter Wasser

3 Biber → *313*
im Längsschnitt wird der Lüftungskamin sichtbar

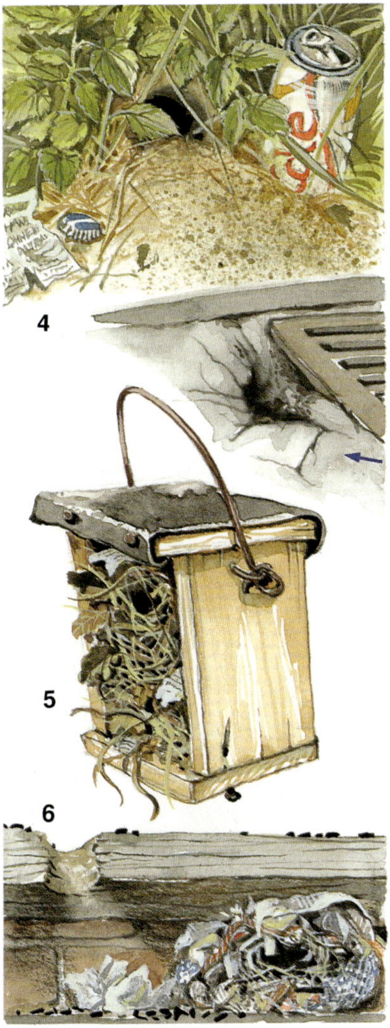

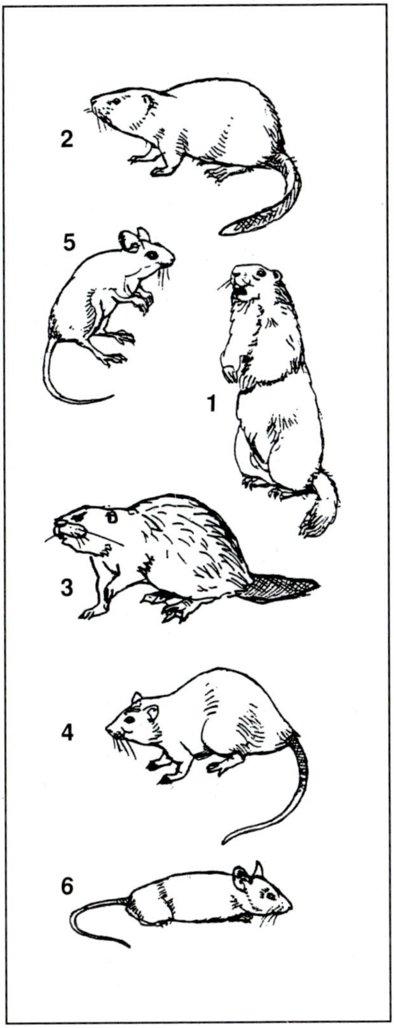

4 Wanderratte → *315*
5 Gelbhalsmaus → *313*
6 Hausmaus → *314*

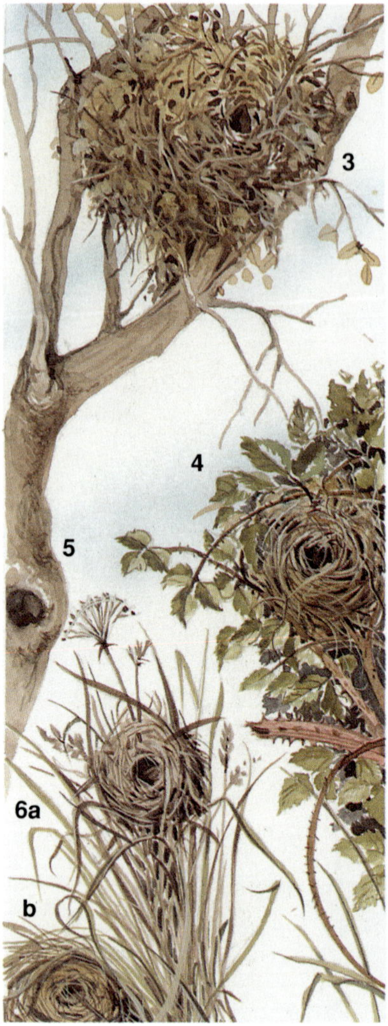

1 Feldmaus → *315*
Gänge wurden unter Schnee angelegt

2 Schermaus → *316*
im Vordergrund schwimmendes Nest

3 Eichhörnchen → *312*

4 Haselmaus → *318*

5 Schläfer → *317*
Baumhöhle

6 Zwergmaus → *314*
a Sommernest
b Winternest

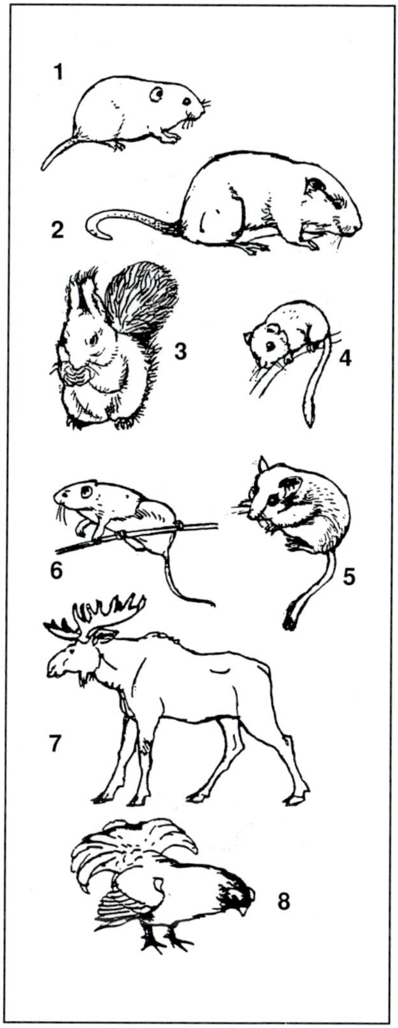

7 Elch → *325*
Lager

8 Birkhuhn → *284*
Abflugstelle und Schlafplatz

1 Dachs → *322*

2 Rotfuchs → *318*

3 Wildschwein → *323*
Wurfkessel

4 Reh → *324*
Lager

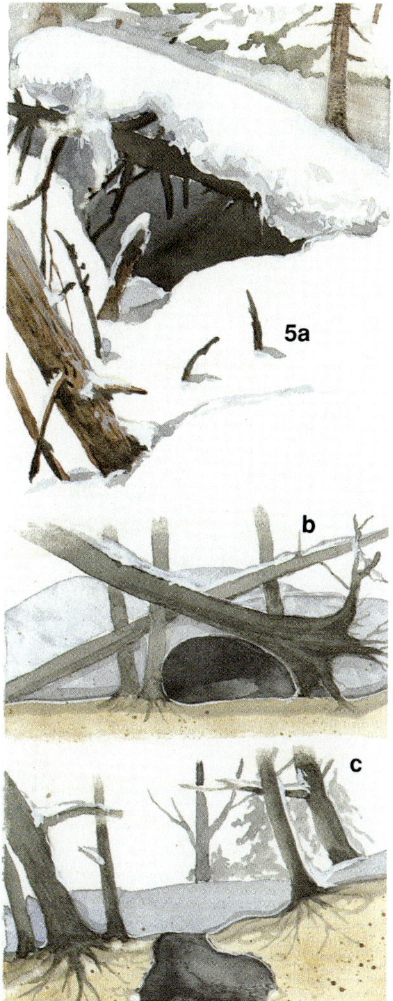

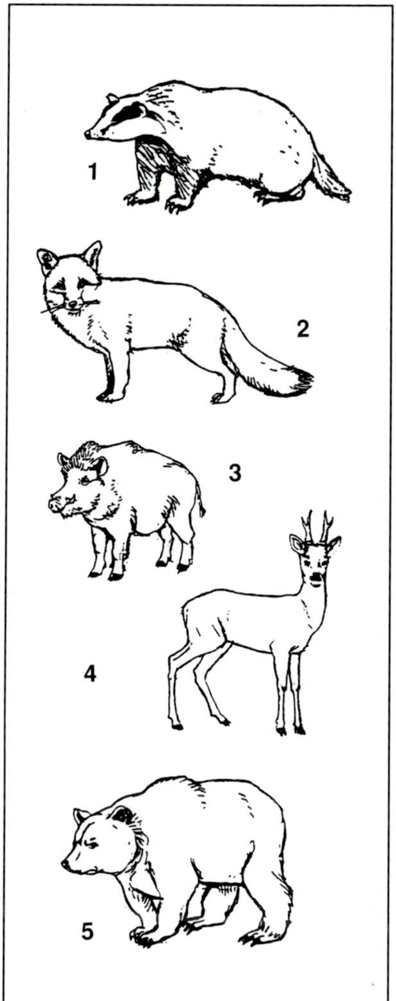

5 Braunbär → *319*
a Höhleneingang
b und **c** Höhlenanlagen

Vogelnester

1 Höckerschwan → *278*
2 Haubentaucher → *275*
3 Bläßralle → *285*
mit Rohrweg für die Jungen

4 Lachmöwe → *289*
5 Rohrweihe → *279*
6 Teichrohrsänger → *301*

7 Beutelmeise → *305*
8 Bachstelze → *304*
9 Wasseramsel → *303*

1

2

3

4

5

6

1 Flußregenpfeifer → *287*
2 Säbelschnäbler → *289*
3 Sturmmöwe → *289*
Kolonie

4 Teichralle → *286*
5 Graugans → *278*
6 Tafelente → *279*

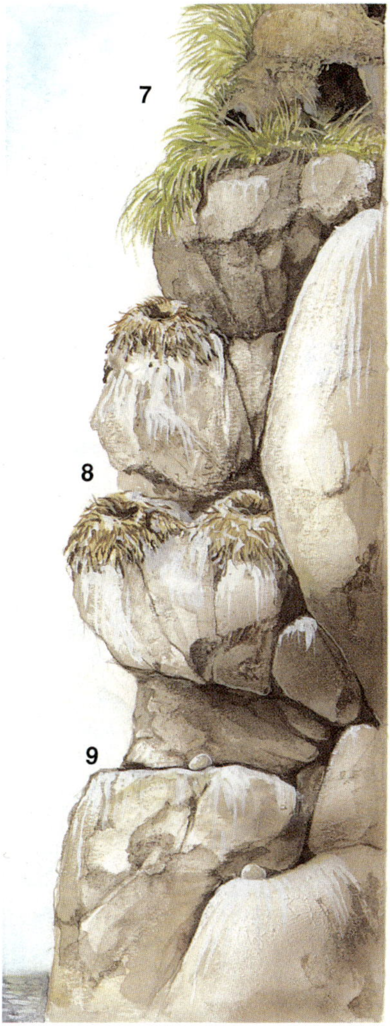

7 Papageitaucher → *291*
8 Dreizehenmöwe → *290*
9 Trottellumme → *291*

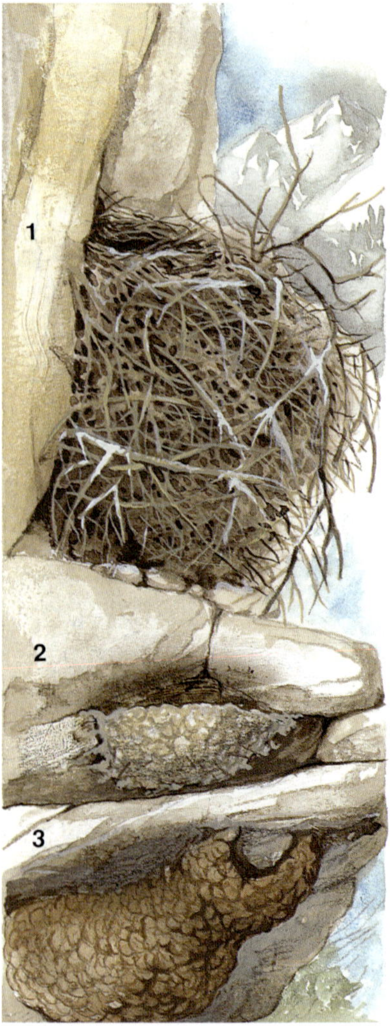

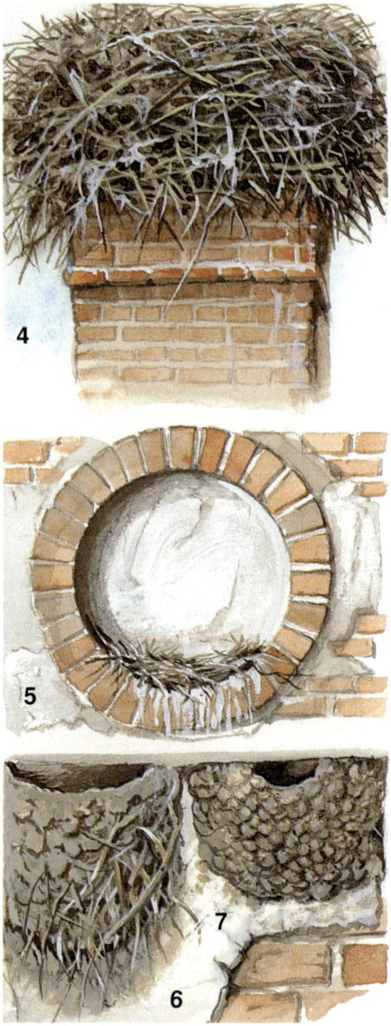

1 Steinadler → *280*
2 Felsenschwalbe → *297*
3 Rötelschwalbe → *297*

4 Weißstorch → *277*
5 Turmfalke → *282*
6 Rauchschwalbe → *297*
7 Mehlschwalbe → *298*

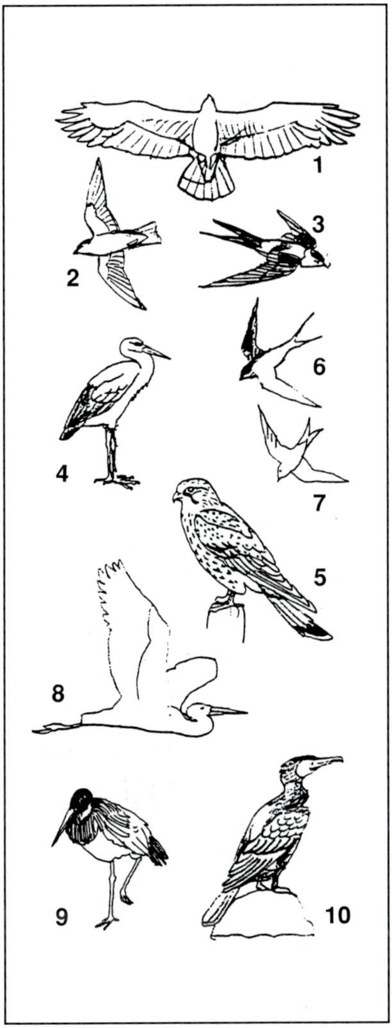

8 Graureiher → *276*
9 Schwarzstorch → *277*
10 Kormoran → *276*

1 Fischadler → *282*
2 Mäusebussard → *280*
3 Seeadler → *280*

4 Saatkrähe → *299*
5 Elster → *300*
6 Ringeltaube → *291*

7 Amsel → *302*

8 Singdrossel → *302*

9 Pirol → *300*

1 Buchfink → *306*
2 Wintergoldhähnchen → *301*
3 Stieglitz → *307*

4 Grünfink → *307*
5 Gimpel → *307*
6 Neuntöter → *298*

7 Schwanzmeise → *305*
8 Zaunkönig → *304*
9 Dorngrasmücke → *301*

1 Stockente → *279*
2 Kiebitz → *288*
3 Feldlerche → *296*

4 Rebhuhn → *285*
5 Rotkehlchen → *303*
6 Fitis → *302*
7 Waldkauz → *292*

8 Kleiber → *305*
9 Großer Buntspecht → *295*
10 Schwarzspecht → *295*
Höhle angeschnitten
11 Uferschwalbe → *298*
Kolonie
12 Eisvogel → *294*

Eier und Laich

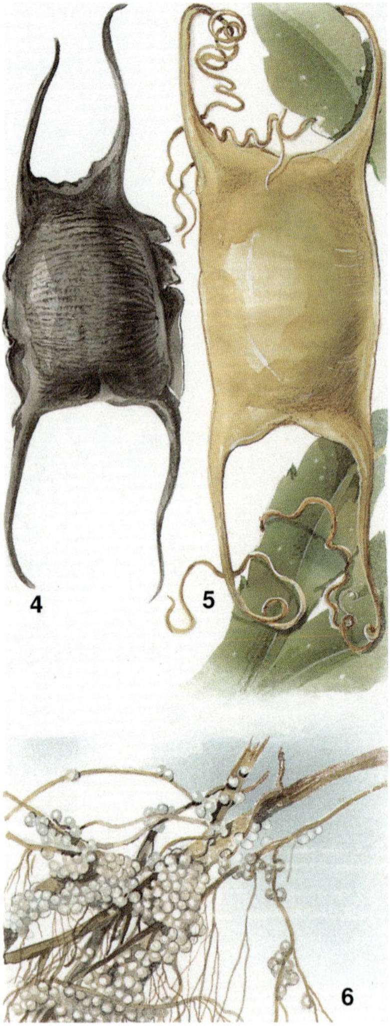

1 Wellhornschnecke → *216*
trockener Laichklumpen

2 Ohrschlammschnecke → *216*
Laichballen

3 Weinbergschnecke → *216*
Bodengelege

4 Nagelrochen → *269*

5 Kleingefleckter Katzenhai → *269*

6 Plötze → *270*
Laich an Weidenwurzeln

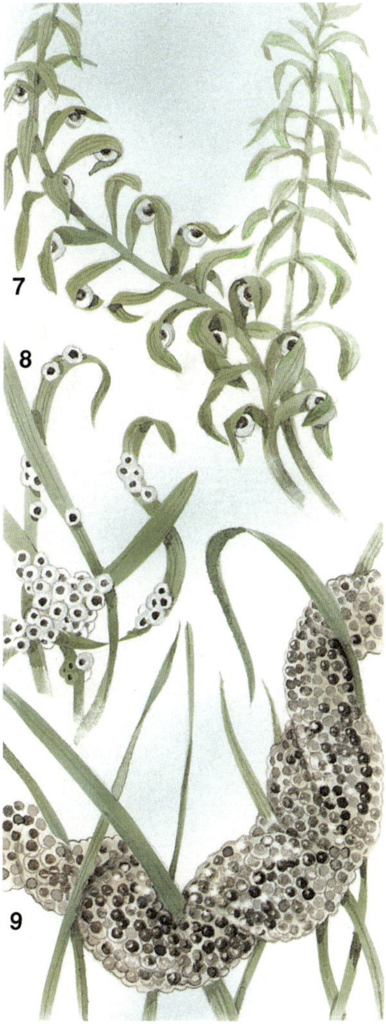

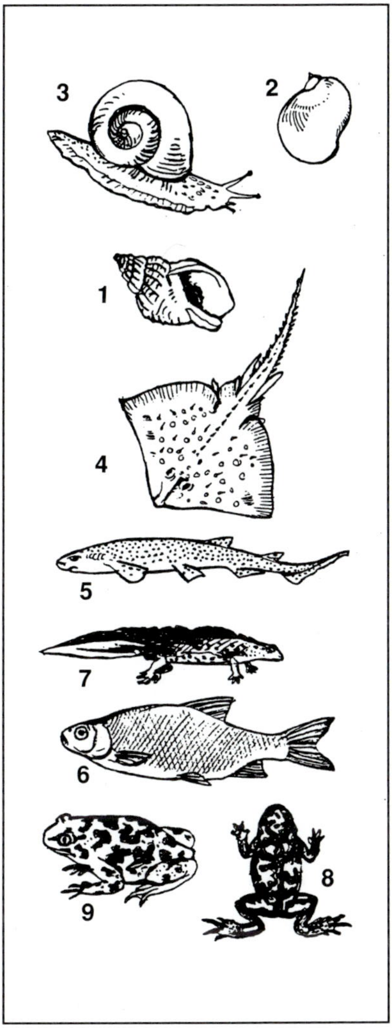

7 Teichmolch → *271*
8 Rotbauchunke → *271*
9 Knoblauchkröte → *272*

1 Erdkröte → *272*
2 Kreuzkröte → *273*

3 Geburtshelferkröte → *272*
4 Laubfrosch → *273*

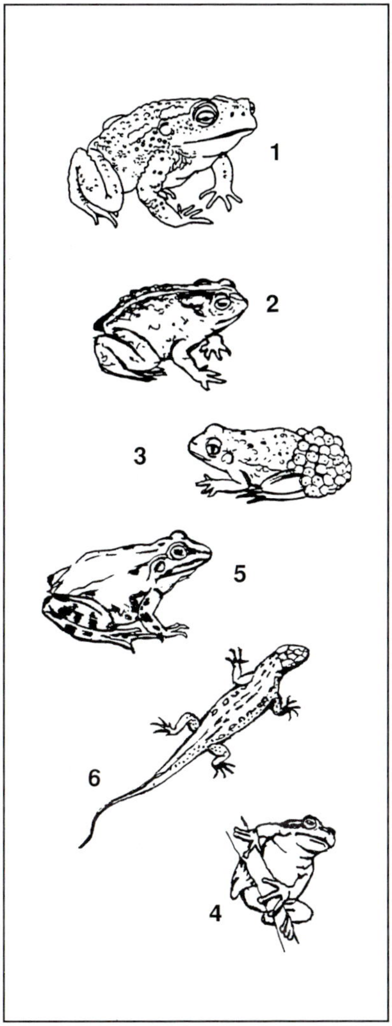

5 Grasfrosch → *273*
6 Zauneidechse → *274*

Wohnbauten niederer Tiere

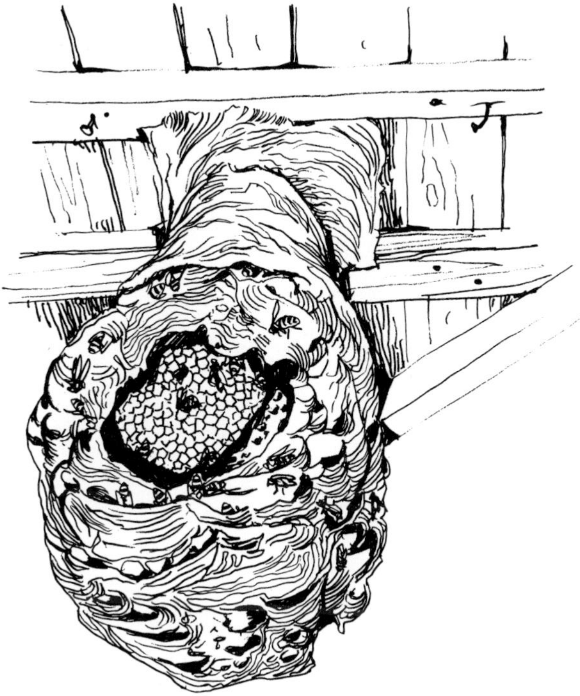

1 Süßwasserschwamm → *213*
2 Brotkrumenschwamm → *213*
3 Moostierchen → *217*

4 Posthörnchenwurm → *214*
5 Dreikantwurm → *214*
6 Seepocken → *218*
a tote Kolonie, auf Krabbenpanzer
b lebende Kolonie, auf Holz

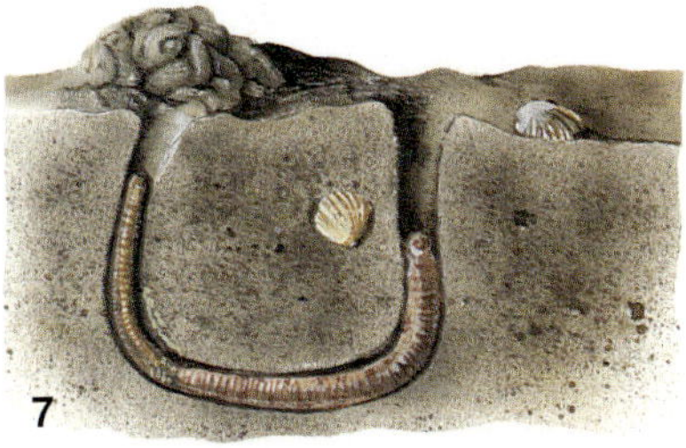

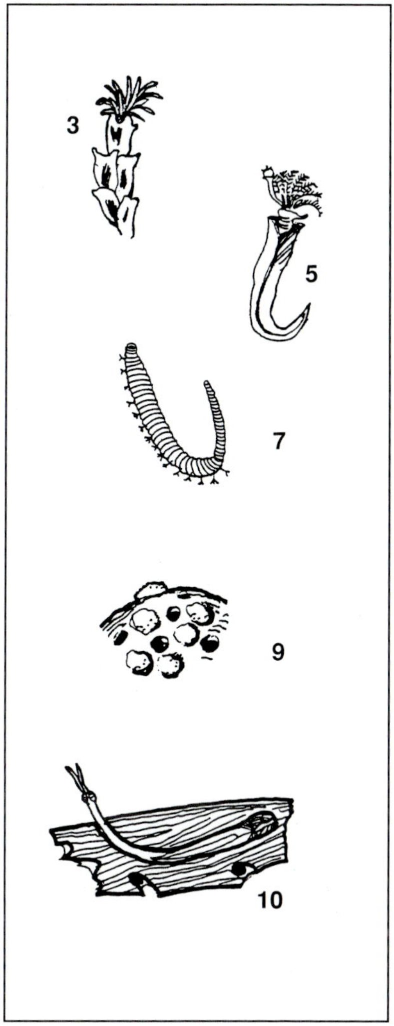

7 Köderwurm → *214*
8 Bäumchenröhrenwurm → *215*
9 Bohrschwamm → *213*
10 Schiffsbohrer → *217*

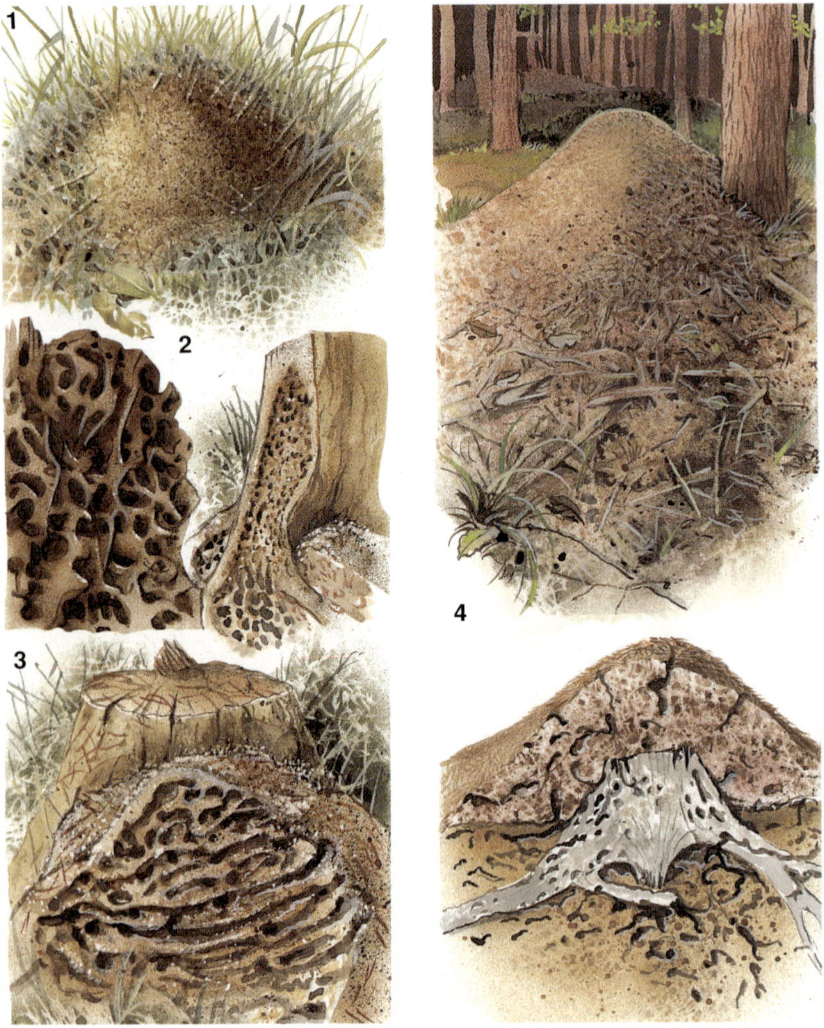

1 Gelbe Wiesenameise → *247*

2 Glänzendschwarze Ameise → *247*

3 Schwarze Wegameise → *248*

4 Rote Waldameise → *248*

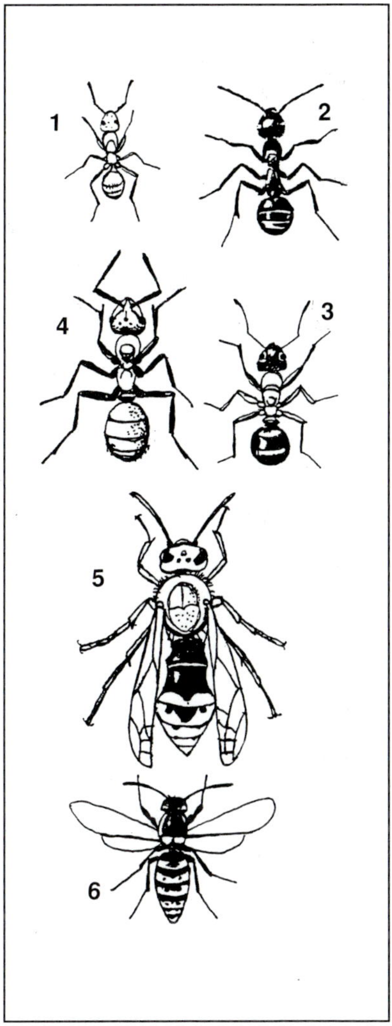

5 Hornisse → *248*
6 Gemeine Wespe → *249*

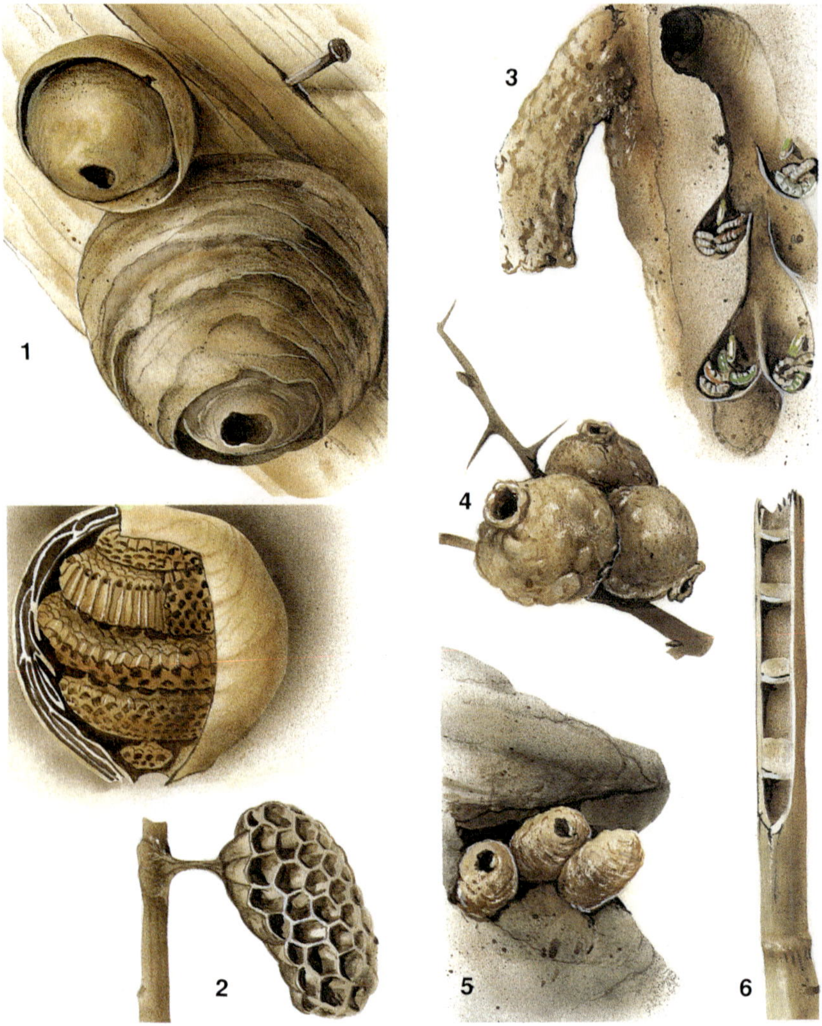

1 Sächsische Wespe → *249*
2 Gallische Wespe → *249*

3 Lehmwespe → *250*
4 Pillenwespe → *250*
5 Tönnchenwegwespe → *250*
6 Töpferwespe → *251*

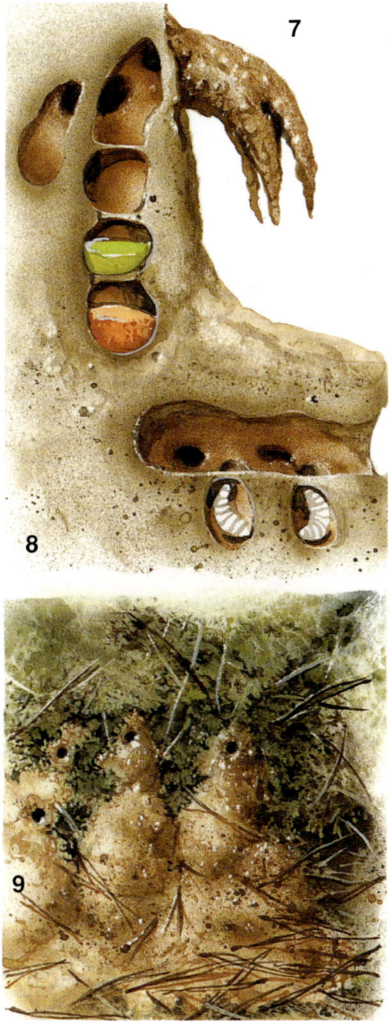

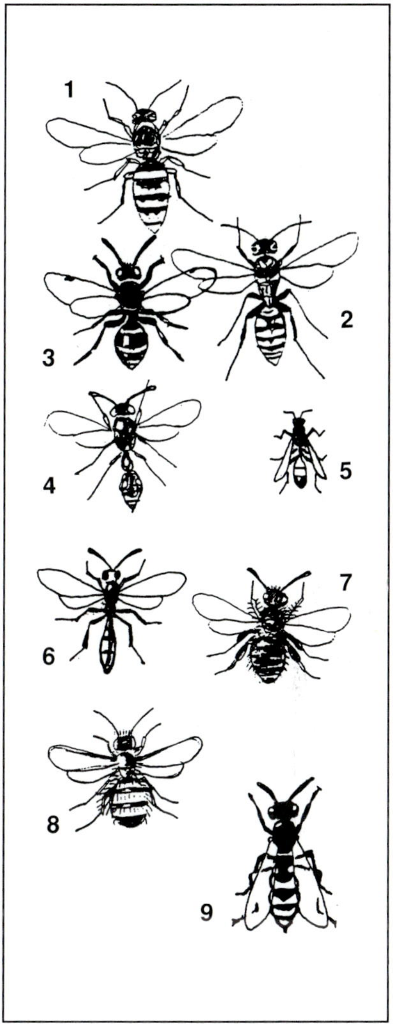

7 Pelzbiene → *253*
8 Sandbiene → *251*
9 Knotenwespe → *251*
mit herausgescharrtem Sand

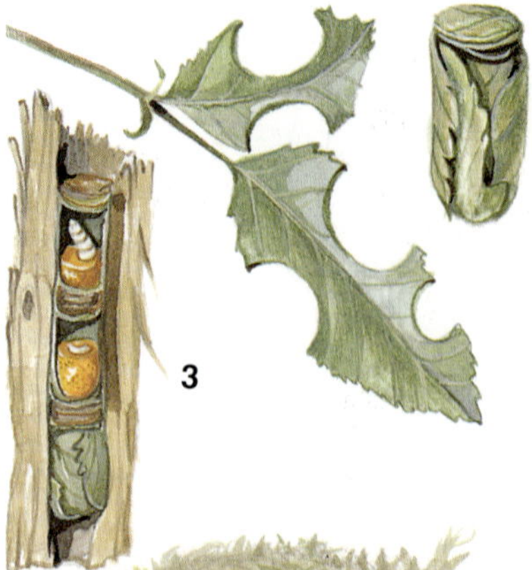

1 Zweifarbige Mauerbiene → *252*
Nest mit Pflanzenteilen getarnt

2 Holzbiene → *252*

3 Blattschneiderbiene → *252*

4 Hummel → *253*

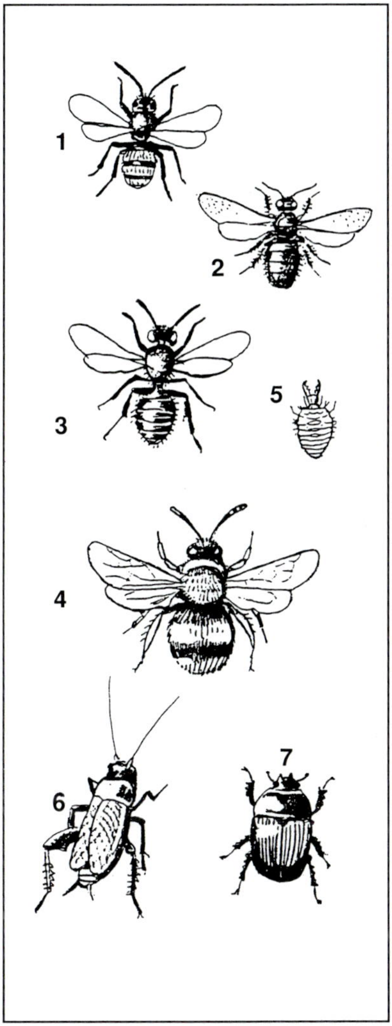

5 Ameisenlöwe → *241*
Fangtrichter
6 Feldgrille → *226*
7 Mistkäfer → *233*

Hüllen, Eipakete, Gespinste

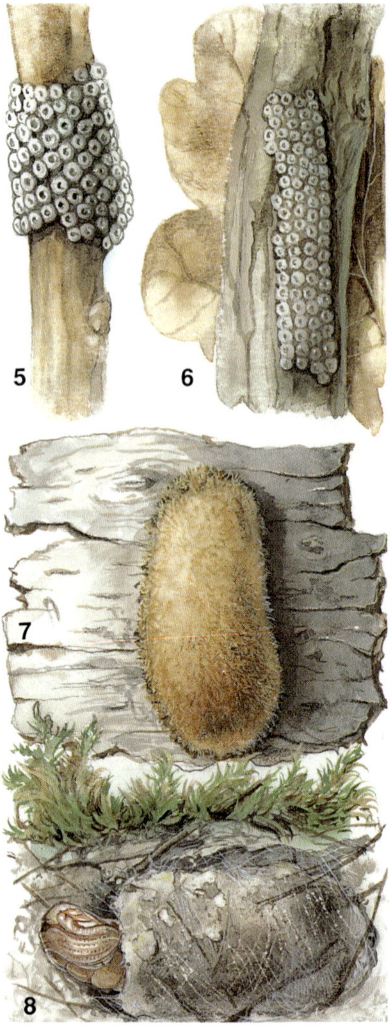

1 Sackspinne → *223*
2 Feenlämpchen → *223*
3 Krabbenspinne → *222*
4 Raubspinne → *222*

5 Ringelspinner → *266*
6 Eichenprozessionsspinner → *266*
7 Schwammspinner → *265*
8 Birkenspinner → *267*

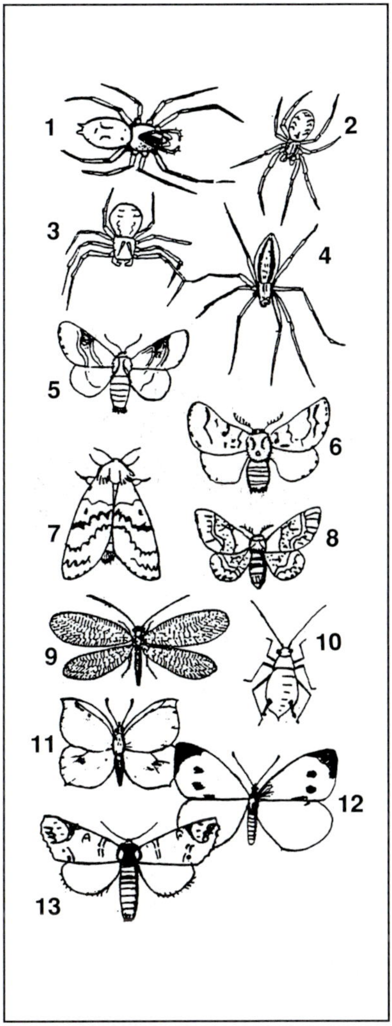

9 Florfliege → *241*
10 Blattlaus → *227*
11 Zitronenfalter → *268*
12 Großer Kohlweißling → *268*
13 Mondfleck → *265*

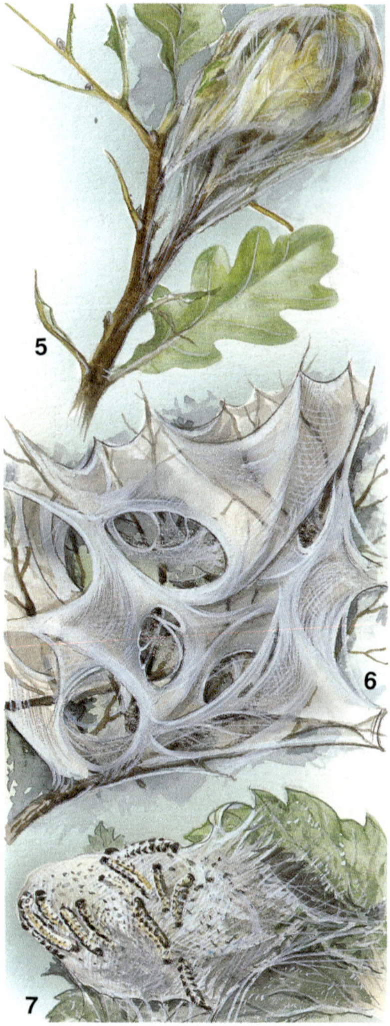

1 Kartoffelkäfer → *233*
2 Maulwurfsgrille → *226*
3 Gemeine Gottesanbeterin → *226*
a alter Eikokon
b junger Eikokon
4 Amerikanische Großschabe → *225*
Eipaket

5 Goldafter → *265*
Gespinst
6 Gespinstmotte → *263*
7 Kleiner Fuchs → *268*

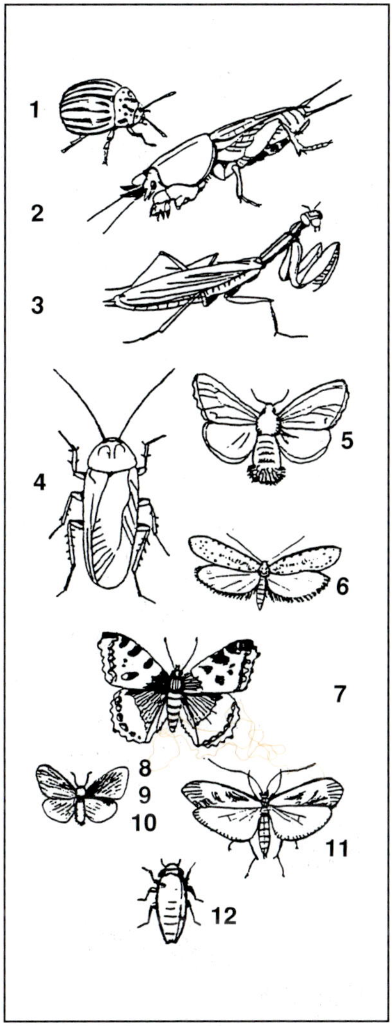

8 Schneckensackträger → *261*
Raupensack
9 Gemeiner Sackträger → *261*
10 Mohrenkopf → *261*
11 Köcherfliege → *258*
Köcher – Bauvarianten
12 Wiesenschaumzikade → *227*

1 Kieferngespinstblattwespe → *242*
2 Kiefernspinner → *267*
3 Große Napfschildlaus → *231*
4 Wollige Rebenschildlaus → *230*
5 Hirschlausfliege → *258*
6 Stubenfliege → *258*

7 Zitronenfalter → *268*
Gürtelpuppe
8 Tagpfauenauge → *267*
Stürzpuppe
9 Kiefernschwärmer → *264*
10 Rosenkäfer → *232*
Puppenwiege

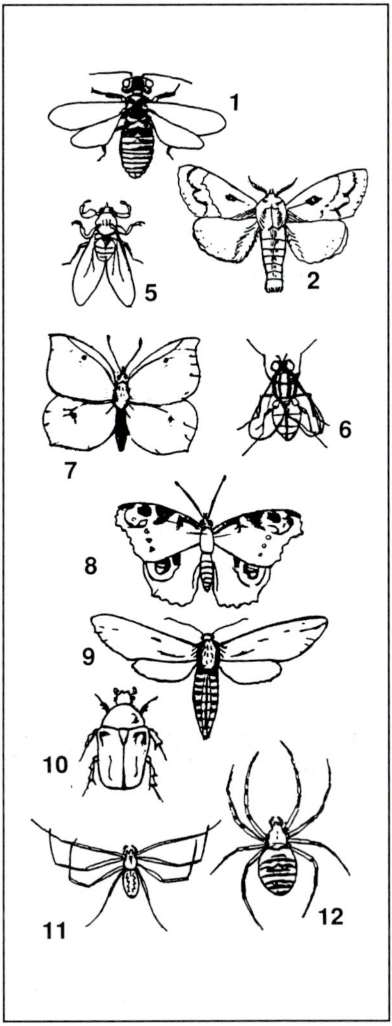

11 Baldachinspinne *→ 219*
12 Zebraspinne *→ 219*

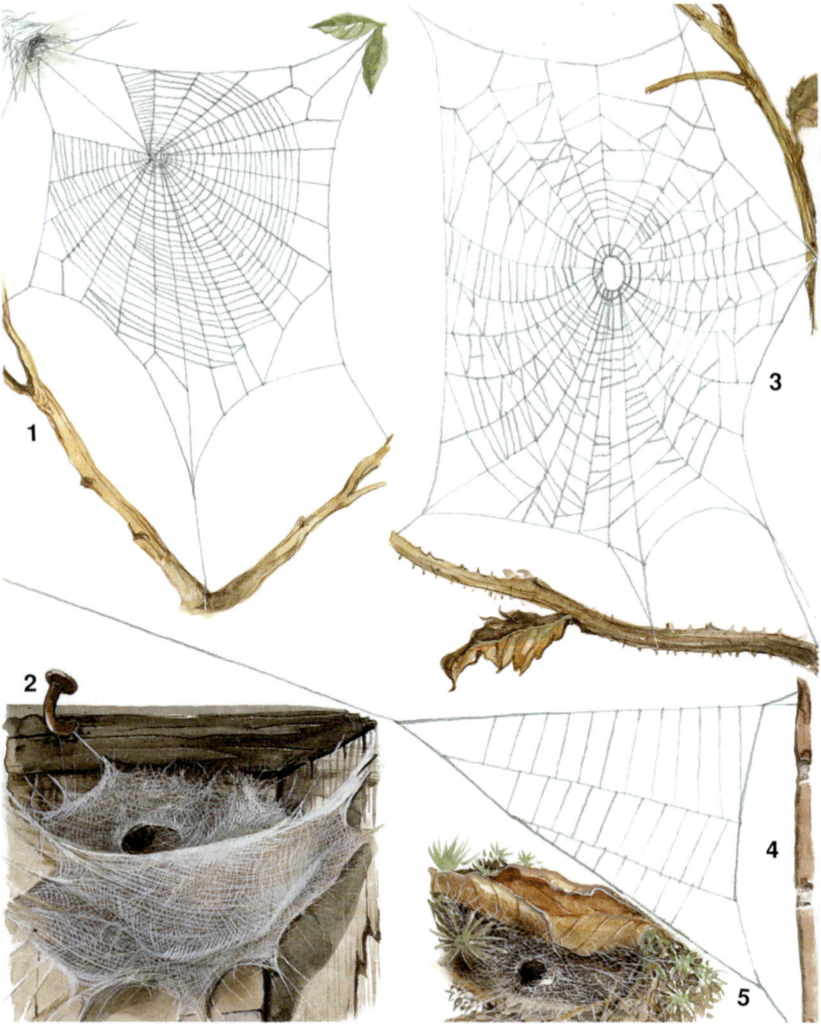

1 Sektorspinne → *220*
2 Winkelspinne → *221*

3 Herbstspinne → *220*
4 Dreiecksspinne → *222*
5 Bodentrichterspinne → *221*

6 Gartenkreuzspinne → *220*
7 Kugelspinne → *221*

Trichter, Tüten, Minen, Gallen

1 Haselblattroller → *239*
2 Birkenblattroller → *240*
3 Eichenblattroller → *240*
mit Rollschema
4 Pappelblattroller → *240*

5 Fliedermotte → *260*
6 Eichenblattminiermotte → *260*
7 Rosenblattminiermotte → *259*
8 Vielblattrosenminiermotte → *259*

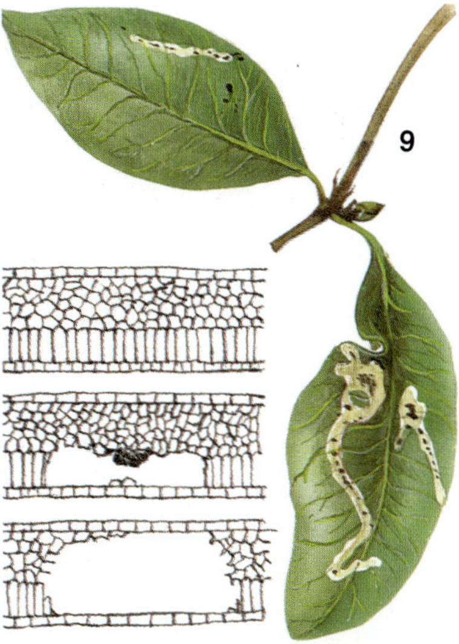

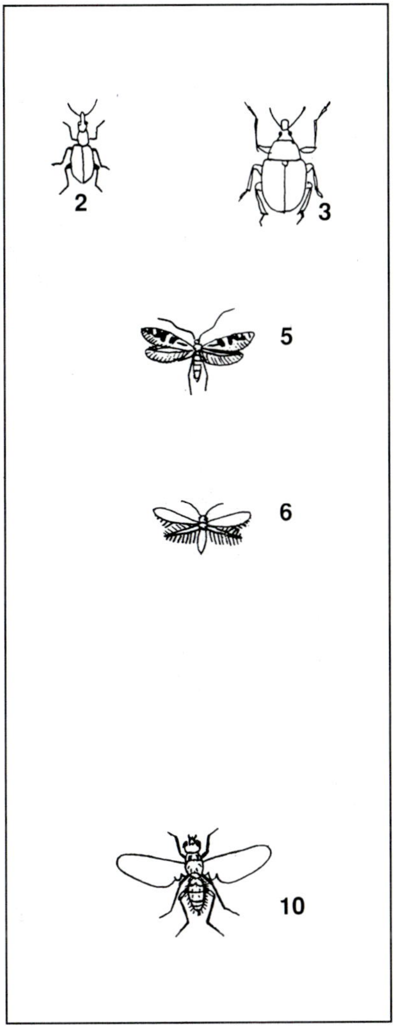

9 Schlangenminiermotte → *260*
10 Teichrosenminierfliege → *257*

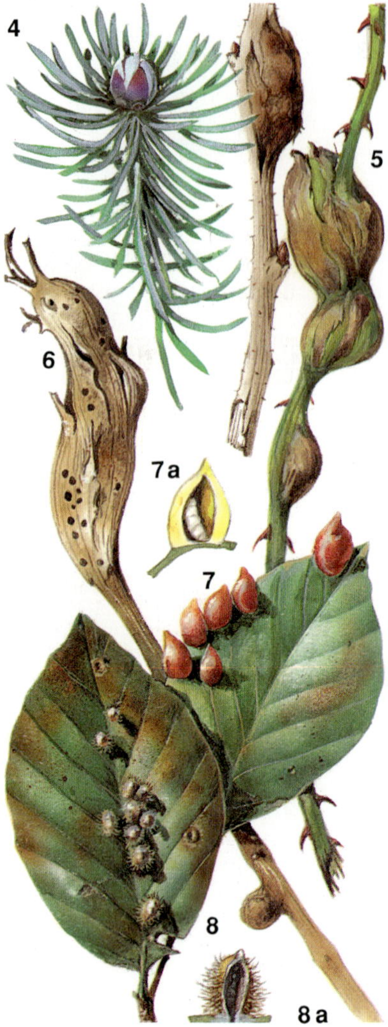

1 Zigarrenfliege → *257*
2 Hessenmücke → *256*
3 Zwenkenfliege → *257*

4 Wolfsmilchgallmücke → *256*
5 Brombeergallmücke → *255*
6 Habichtskrautgallwespe → *247*
7 Buchengallmücke → *255*
a geöffnete Galle
8 Buchenblattgallmücke → *255*
a geöffnete Galle

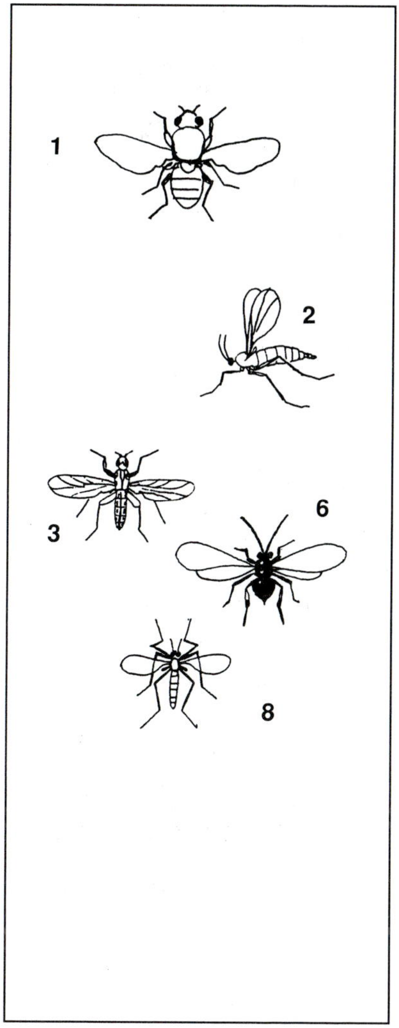

9 Lindengallmilbe → *224*
10 Lindengallmücke → *254*
11 Ahornblattgallmilbe → *224*
a Schema der Gallenentwicklung

1 Walnußblattgallmilbe → *224*

2 Haselnußknospengallmilbe → *224*
Knospengalle

3 Ahornblattgallwespe → *246*

4 Gemeine Rosengallwespe → *243*

5 Rosenblattgallmücke → *255*

6 Wildrosenblattgallwespe → *243*

7 Dornenblattgallwespe → *244*

8 Morgensterngallwespe → *244*

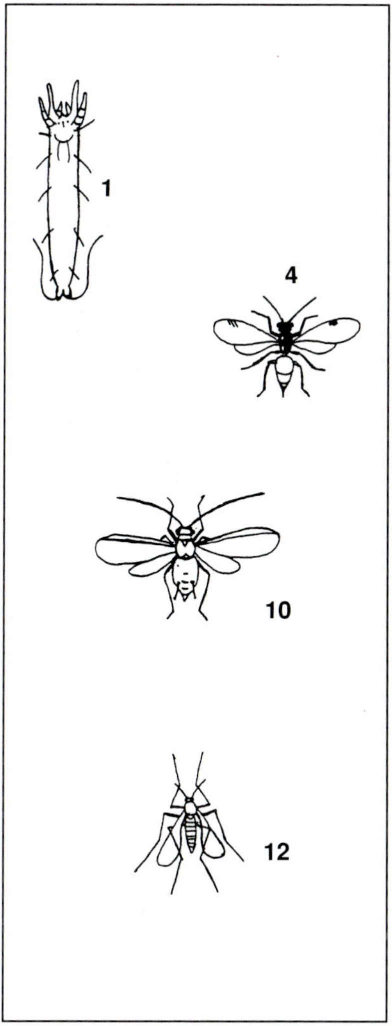

9 Pappelblattrippengallenlaus → *228*
10 Spiralgallenlaus → *228*
11 Salatwurzellaus → *228*
12 Pappelblattgallmücke → *255*

1 Gemeine Eichengallwespe → *246*
2 Glanzgallwespe → *246*
3 Ziergallwespe → *246*
4 Große Linsengallwespe → *244*
5 Seidenknopfgallwespe → *244*
6 Eichenrosengallwespe → *245*
7 Schwammkugelgallwespe → *246*
8 Kohlrabigallwespe → *245*

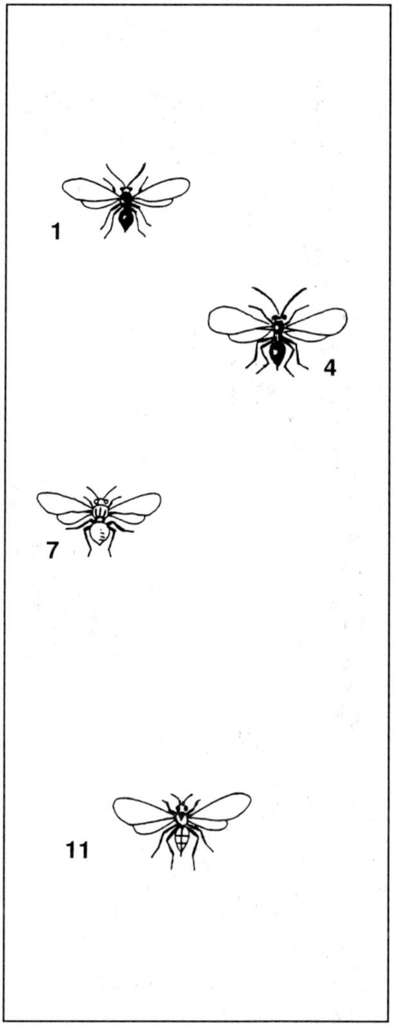

9 Eichenknopperngallwespe → *245*
10 Stachelgallwespe → *245*
11 Eichenschwammgallwespe → *247*
12 Ungarische Gallwespe → *245*

1 Weidenschildlaus → *230*
verkorkte Rinde
2 Birnenblutlaus → *229*
alte Gallen
3 Rüsternblasenlaus → *229*
4 Ulmenblattrollaus → *228*

5 Weidenholzgallmücke → *254*
6 Weidenrosengallmücke → *254*

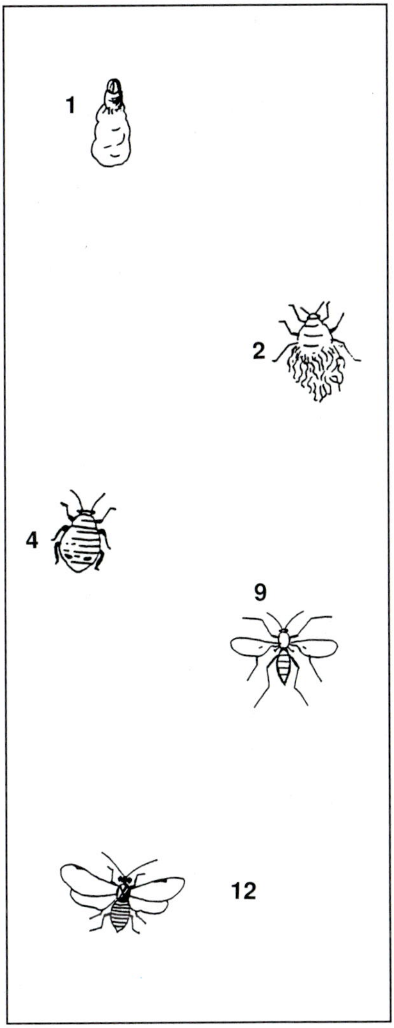

7 Rutenweidengallwespe → *241*
8 Stielweidengallwespe → *242*
9 Knorpelgallmücke → *254*
10 Weidenblattgallmilbe → *224*
11 Weidenwulstgallwespe → *242*
12 Weidenblattgallwespe → *242*

1 Rote Fichtengallenlaus → *229*
a Ananasgalle
b Läuse unter Wachswolle
2 Gelbe Fichtengallenlaus → *229*

3 Kiefernharzgallenwickler → *263*
4 Lärchenknospengallmücke → *254*
5 Lärchengallenwickler → *262*

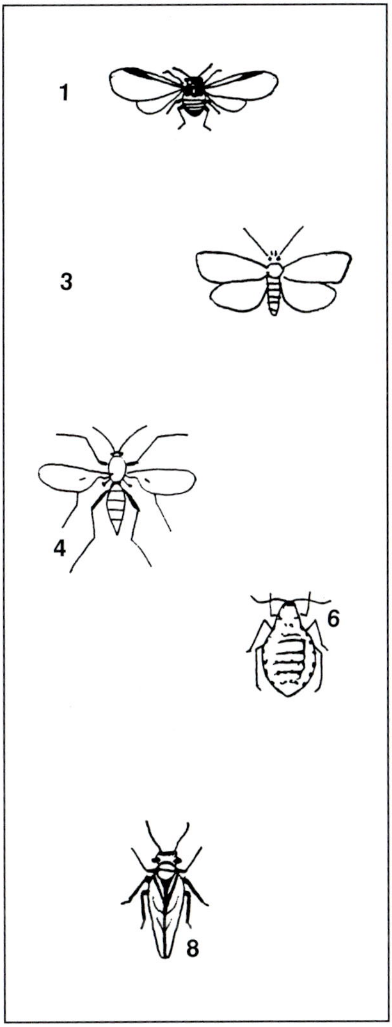

6 Buchenzierlaus → *230*
7 Buchenwollaus → *231*
8 Erlenblattfloh → *227*

Fraßspuren an Holz und Blättern

1 Kaninchen → *311*

2 Feldhase → *311*
gefurchte Schneidezähne (Hasentiere)

3 Biber → *313*
ungefurchte Nagezähne (Nagetiere)

4 Rötelmaus → *316*

5 Erdmaus → *315*

6 Wühlmaus → *315*
Wurzel angenagt

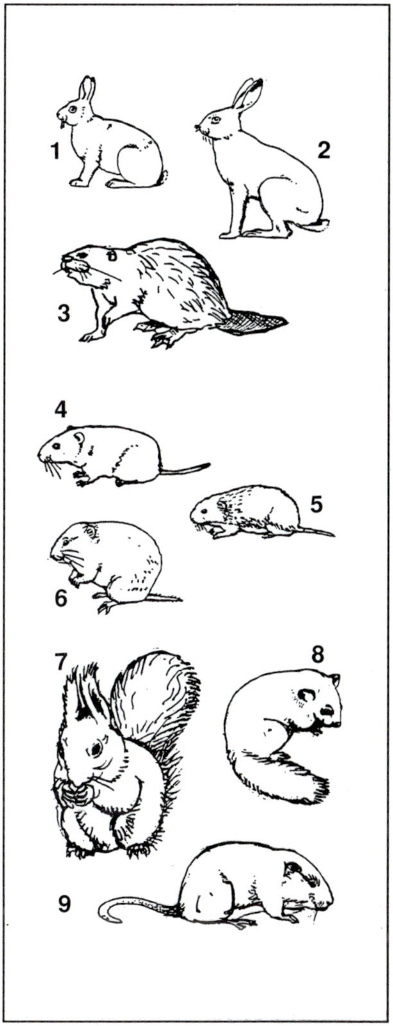

7 Eichhörnchen → *312*
Ringelung

8 Schläfer → *317*
gleichmäßige Nagespur

9 Schermaus → *316*
im Wurzelbereich

1 Biber → *313*
Fällen und Entrinden

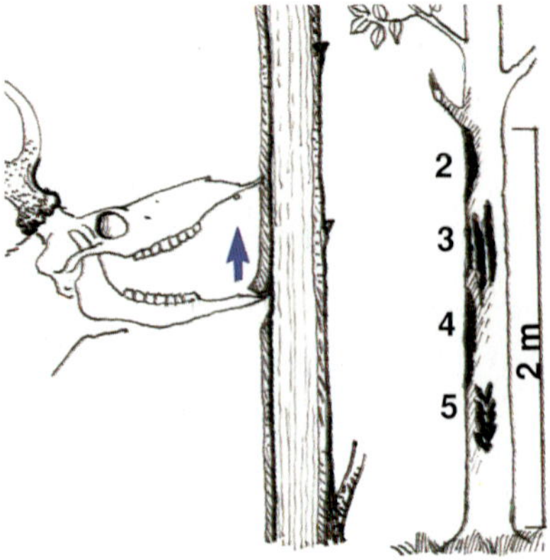

Schälspuren:
2 Elch → *325*
3 Rothirsch → *324*
4 Damhirsch → *324*
5 Mufflon → *326*

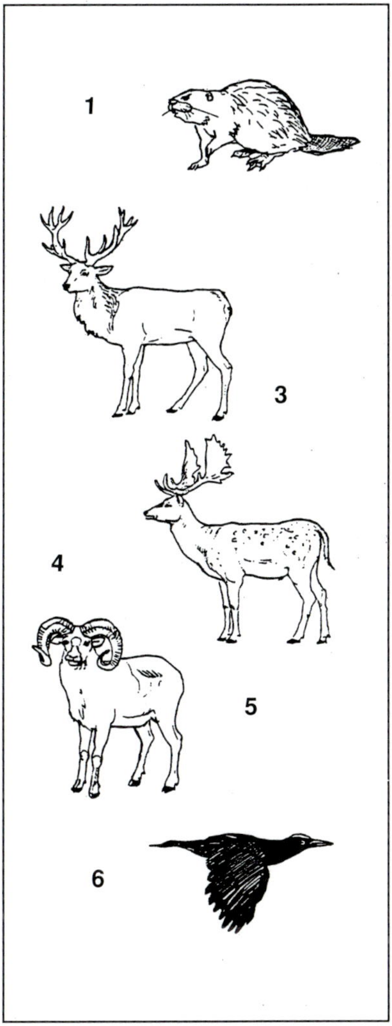

6 Schwarzspecht → *295*
Hackspuren in abgestorbenen Bäumen

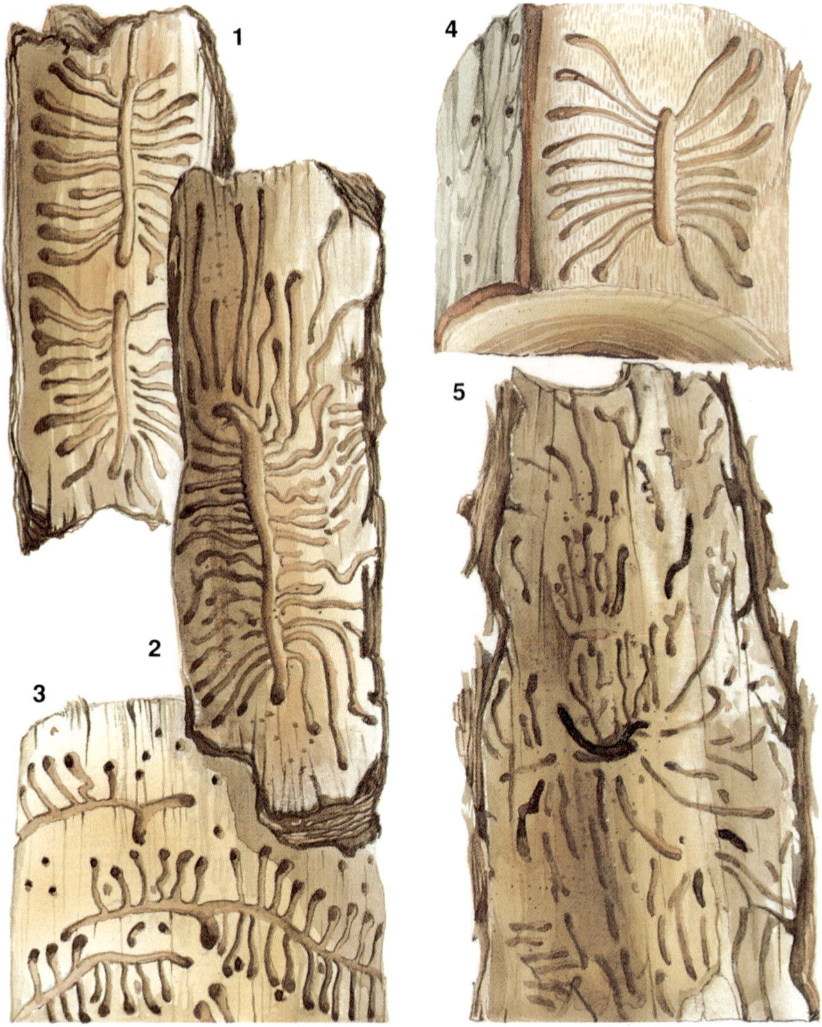

1 Buchdrucker → *235*
2 Großer Waldgärtner → *235*
3 Kleiner Waldgärtner → *235*
4 Großer Ulmensplintkäfer → *236*
5 Kleiner Fichtenbastkäfer → *237*

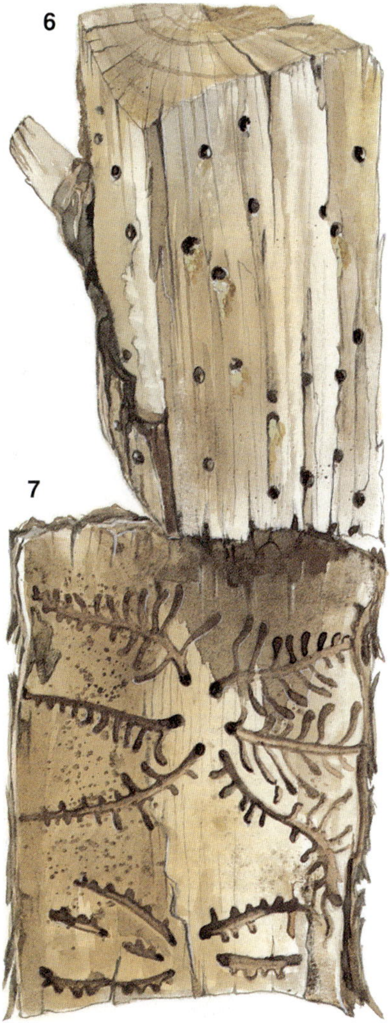

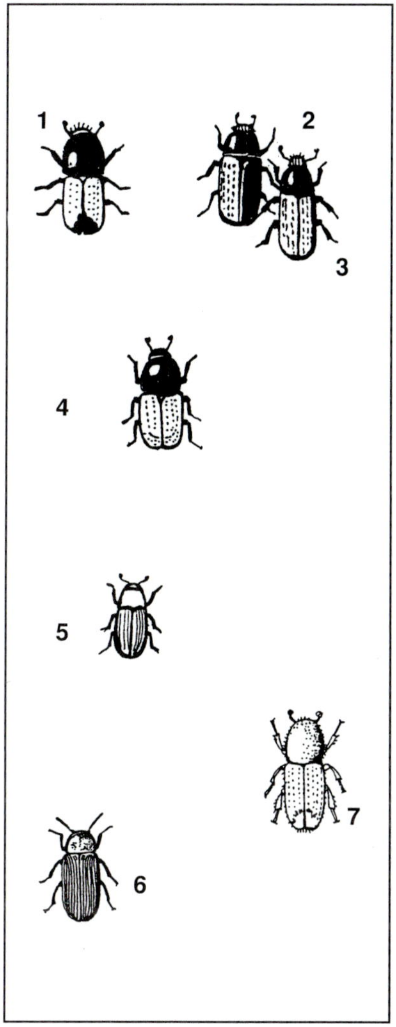

6 Gemeiner Pochkäfer → *238*
7 Kupferstecher → *236*

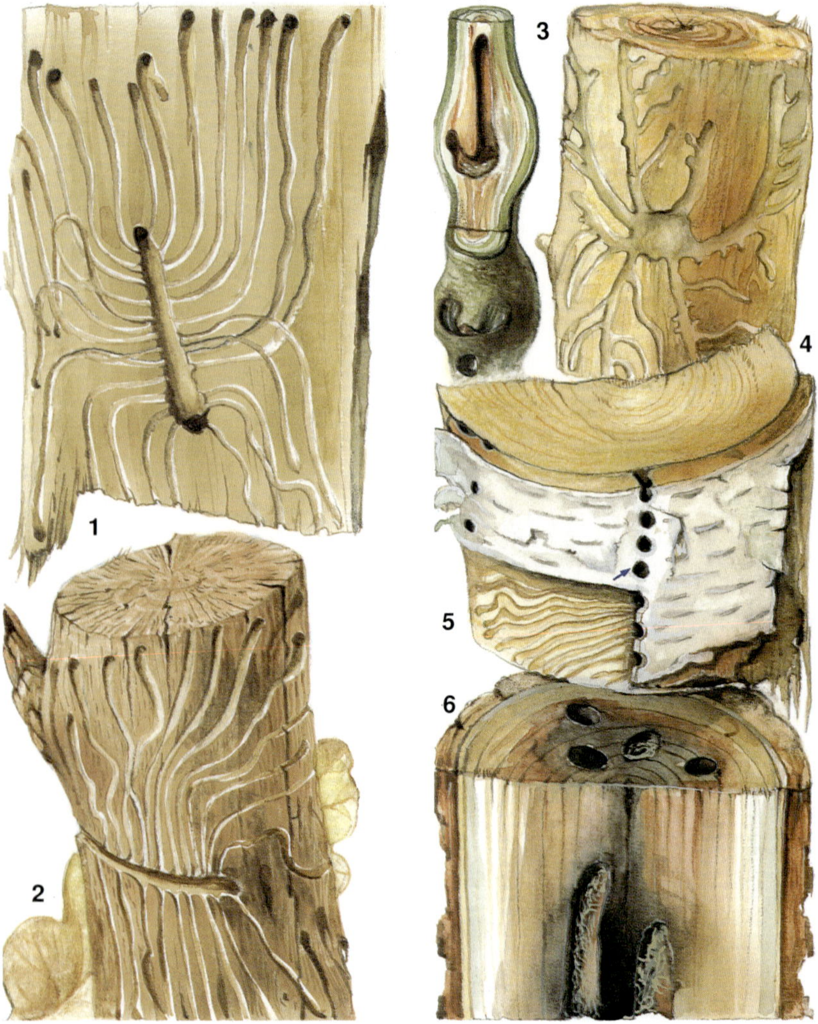

1 Obstbaumsplintkäfer → *236*
2 Eichensplintkäfer → *237*

3 Kleiner Pappelbock → *234*
4 Kleiner Kiefernborkenkäfer → *236*
5 Birkensplintkäfer → *237*
6 Großer Pappelbock → *234*

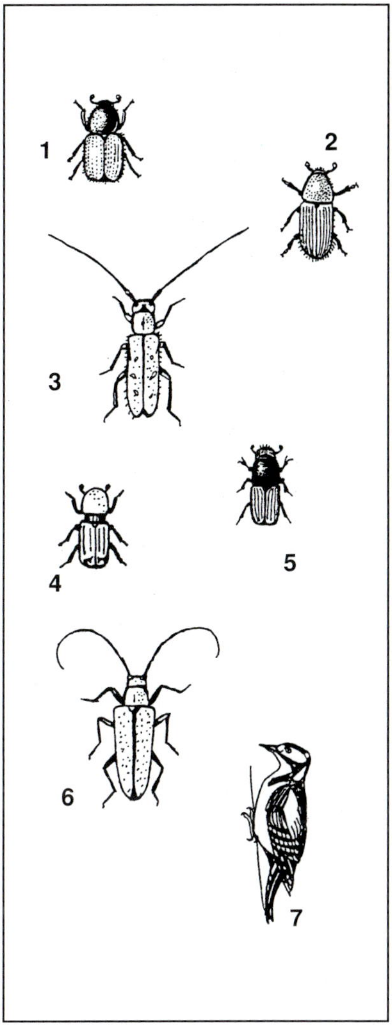

7 Großer Buntspecht → *295*
Larvensuche in morschem
Stamm und Baumpilz

1 Feldhase → *311*
a Fraß an Brennessel
b Verbiß
2 Erdmaus → *315*
Fraßplatz
3 Eichhörnchen → *312*
abgebissene Triebe nach Knospenfraß

Folgen des ständigen Verbisses:
„Beschneiden“ und Verbuschung
4 Reh → *324*
5 Hirsch → *324*

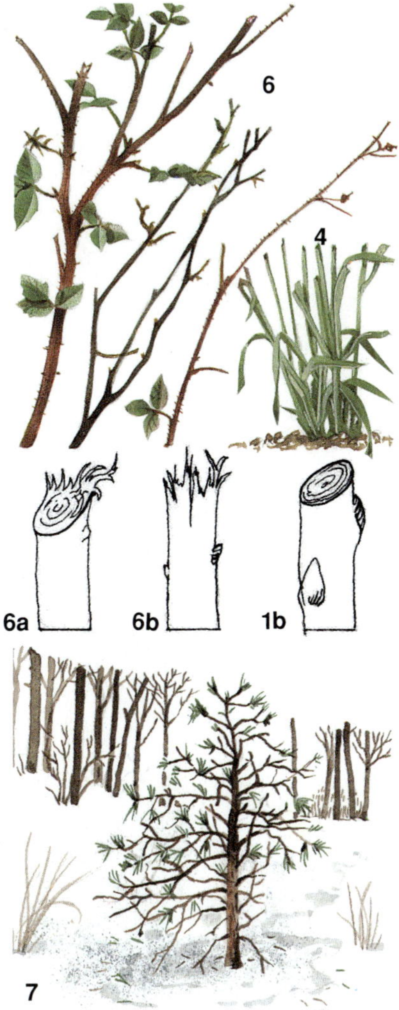

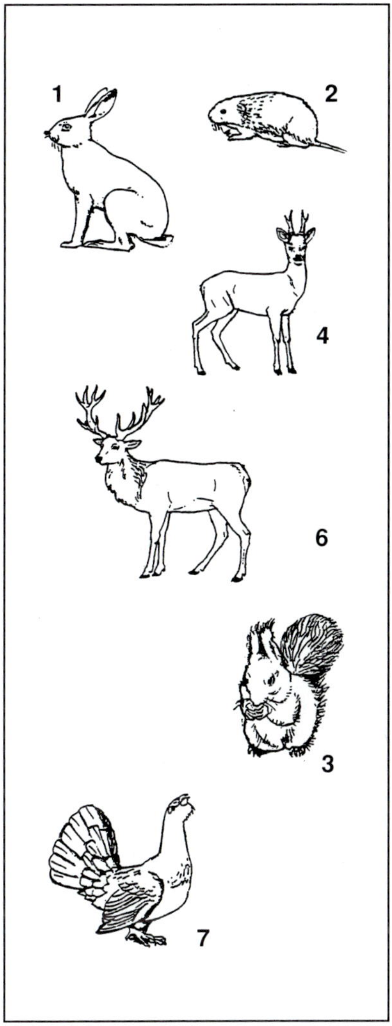

Verbiß:

6 Rothirsch → *324*

a mit Schneidezähnen

b mit Backenzähnen

7 Auerhuhn → *283*

1 Kieferntriebwickler → *263*
Lyrabildung
2 Kleinspecht → *295*
3 Lärchenblasenfuß → *231*
Krüppelwuchs
4 Meise → *304*
Nahrungssuche

5 Blattkäfer → *233*
6 Schnecke → *215*
7 Urinsekten → *225*
8 Schildkrötenmotte → *259*
9 Blattschneiderbiene → *252*
10 Dickmaulrüßler → *239*
11 Blattwespen → *241*

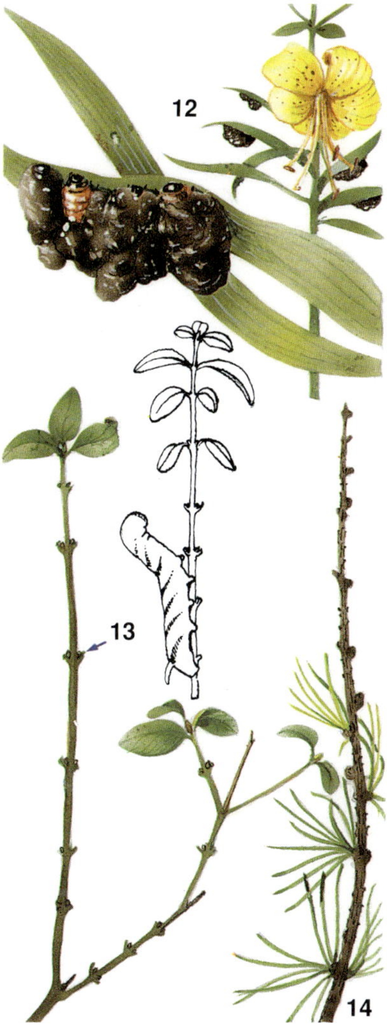

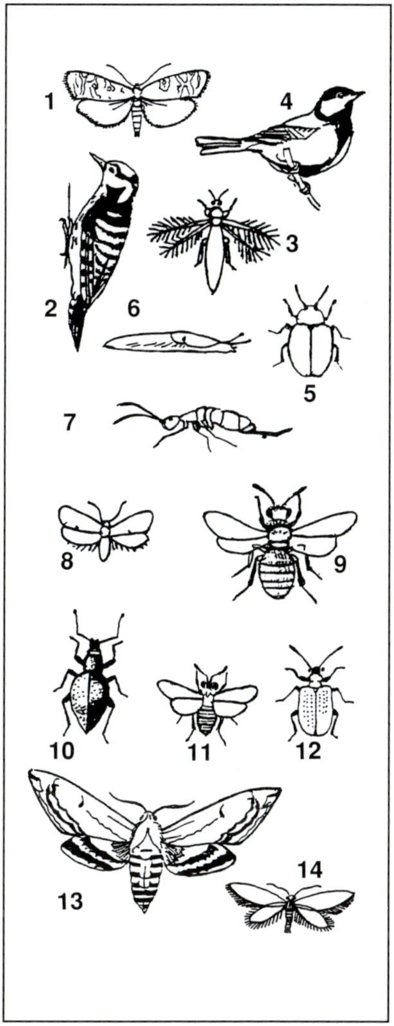

12 Lilienhähnchen → *233*
Larvenfraß unter Kotsack

13 Ligusterschwärmer → *264*
Kahlfraß der Raupe

14 Lärchentriebmotte → *264*
Absterben nach Raupenfraß

Fraßspuren an Früchten und Samen

1 Star → *306*

2 Kernbeißer → *308*
an Mehlbeere (Kerne)

3 Grünfink → *307*
an Hagebutte (Kerne)

4 Wespe → *248*

5 Himbeerkäfer → *234*
Larvenfraß (Obstmade)

6 Apfelwickler → *262*
Larvenfraß und Abseilen

7 Möhrenfliege → *256*
Larvenfraß

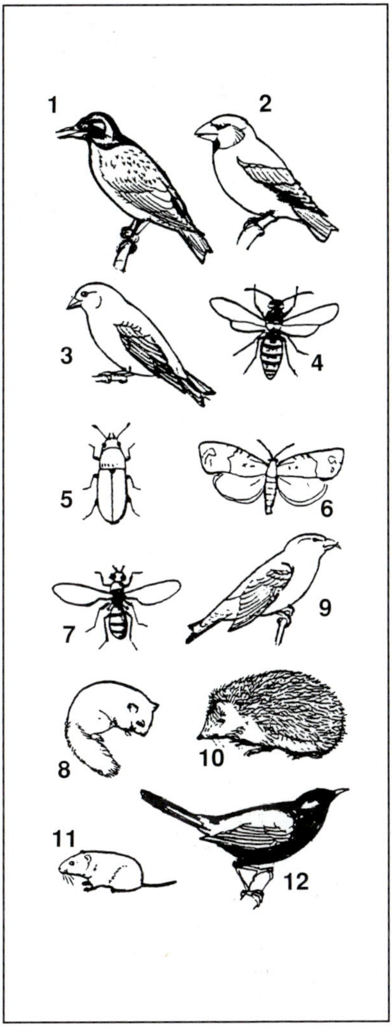

8 Siebenschläfer → *317*
9 Fichtenkreuzschnabel → *308*
10 Igel → *309*
11 Mäuse und Ratten → *313*
12 Amsel → *302*

1 Kernbeißer → *308*
Knacken von Sauerkirschkernen

2 Star → *306*
ähnliche Pickspuren bei anderen Singvögeln

3 Schnecke → *215*

4 Hausschaf

5 Maus → *313*

6 Schnellkäfer → *232*
Larvenfraß (Drahtwürmer)

7 Feldhase → *311*

8 Wühlmaus → *315*

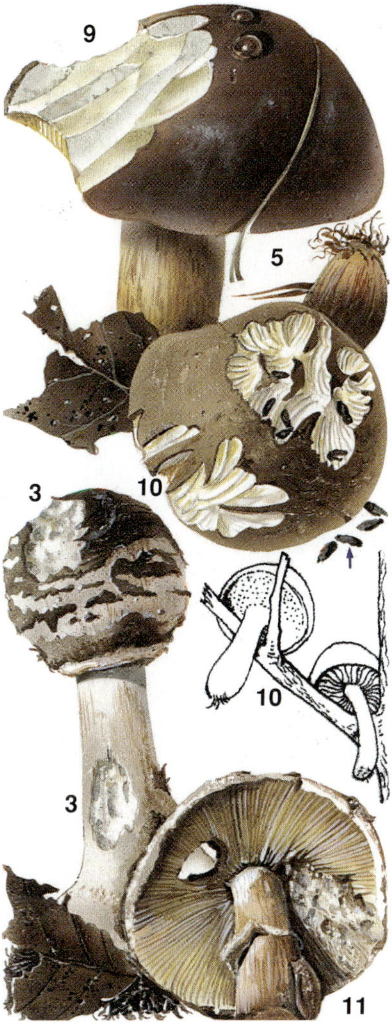

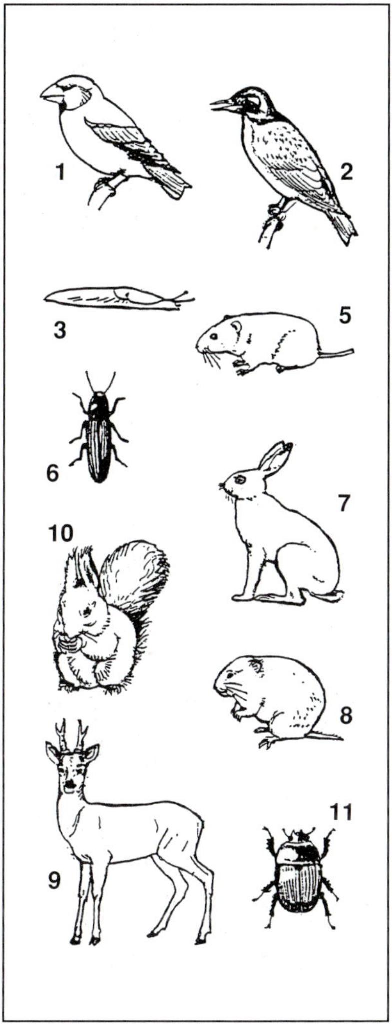

9 Reh → *324*
Schneidezahnspuren
10 Eichhörnchen → *312*
breite Zahnspuren
11 Käfer → *232*

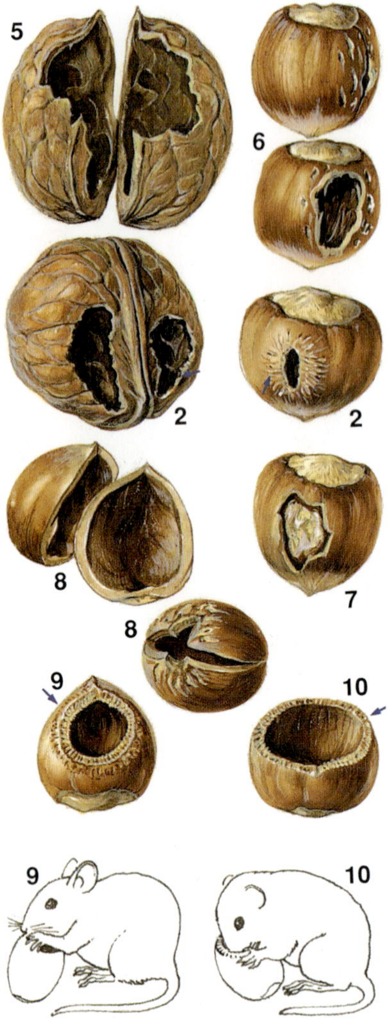

1 Hausperling → *308*
2 Kohlmeise → *304*
3 Maus → *313*
4 Elster → *300*

5 Saatkrähe → *299*
6 Großer Buntspecht → *295*
7 Kleiber → *305*
8 Eichhörnchen → *312*
9 Waldmaus → *313*
10 Rötelmaus → *316*

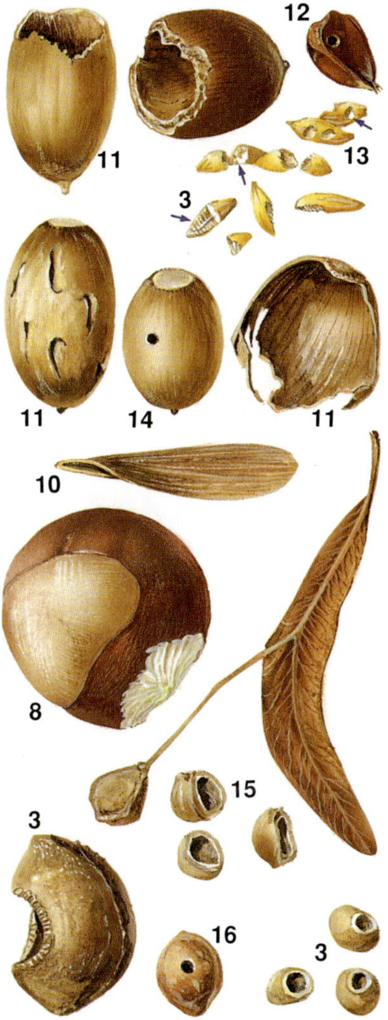

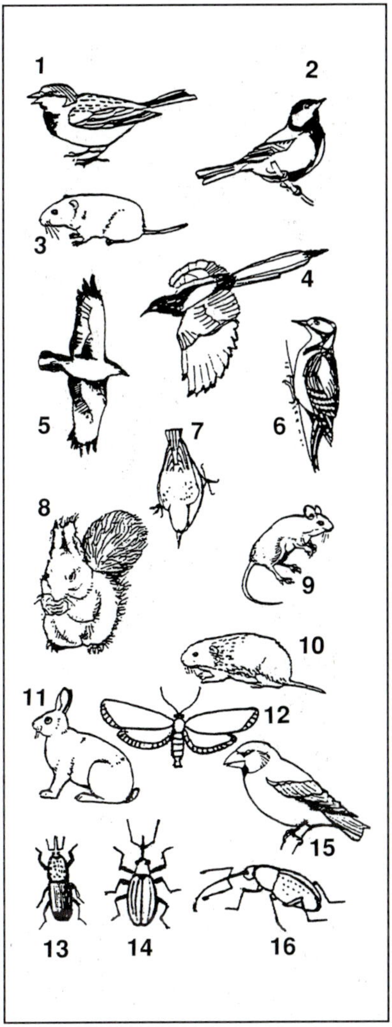

11 Kaninchen → *311*
Ränder ungleichmäßig
12 Buchelwickler → *262*
13 Kornkäfer → *239*
14 Eichelbohrer → *238*
15 Kernbeißer → *308*
16 Kirschkernbohrer → *238*

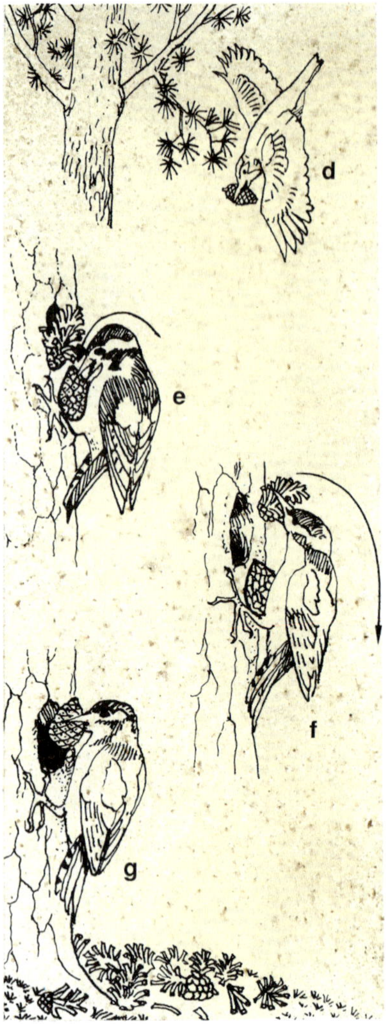

1 Großer Buntspecht → *295*
a aufgehackter Kiefernzapfen
b aufgehackter Fichtenzapfen
c Spechtschmiede

1 Großer Buntspecht → *295*
Arbeitsgänge:
d Eintragen des Zapfens
e Festhalten
f Entfernen des leeren Zapfens
g Einklemmen des neuen Zapfens

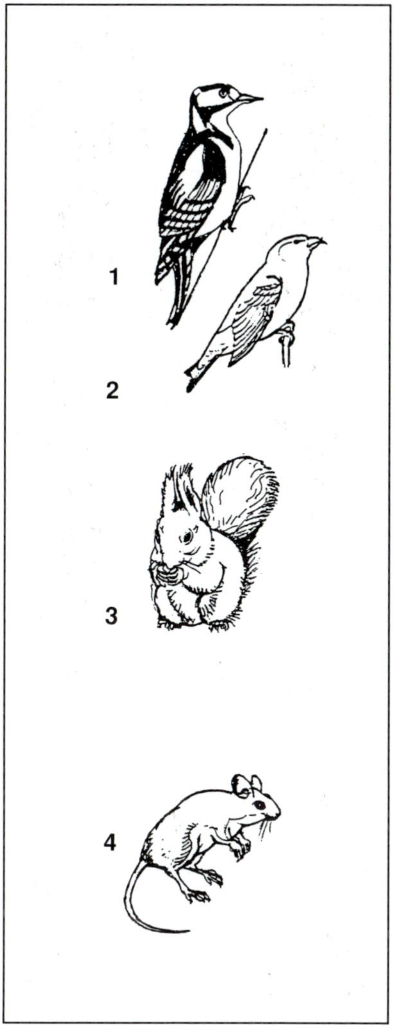

2 Fichtenkreuzschnabel → *308*
Zapfen am Baum

3 Eichhörnchen → *312*
Transport zum Fraßplatz

4 Waldmaus → *313*
am herabgefallenen Zapfen

1 Eichhörnchen → *312*
Abbeißen der Schuppen:
a an Fichte
b an Kiefer
c an Lärche
d an Zirbelkiefer

2 Fichtenkreuzschnabel → *308*
Aushebeln und Spalten
der Schuppen

3 Maus → *313*
gleichmäßiges Benagen:
a an Fichte
b an Kiefer
c an Lärche

Fraßplätze

1 Brackwespe → *243*
Puppen an Schmetterlingsraupen

2 Krötengoldfliege → *256*

3 Vogel → *275*
zerhackte Insekten

4 Hauskatze
zerbissener Hirschkäfer

5 Kohlmeise → *304*
ausgefressene Bienen

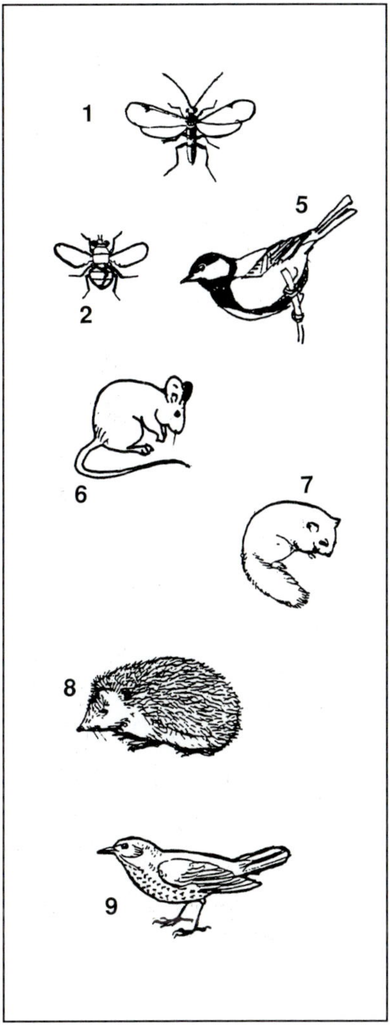

6 Waldmaus → *313*
7 Schläfer → *317*
8 Igel → *309*
9 Drossel → *302*
"Schneckenschmiede"

1 Bisamratte → *316*
- **a** Schalen der Wandermuschel mit Zahnmarken
- **b** ausgefressene Flußmuscheln
- **c** Fraßplatz mit Muschelresten

2 Rabenkrähe → *299*

3 Steinmarder → *320*

4 Taube → *291*
normal geschlüpft !

5 Eichhörnchen → *312*

6 Rotfuchs → *318*

7 Hermelin → *320*

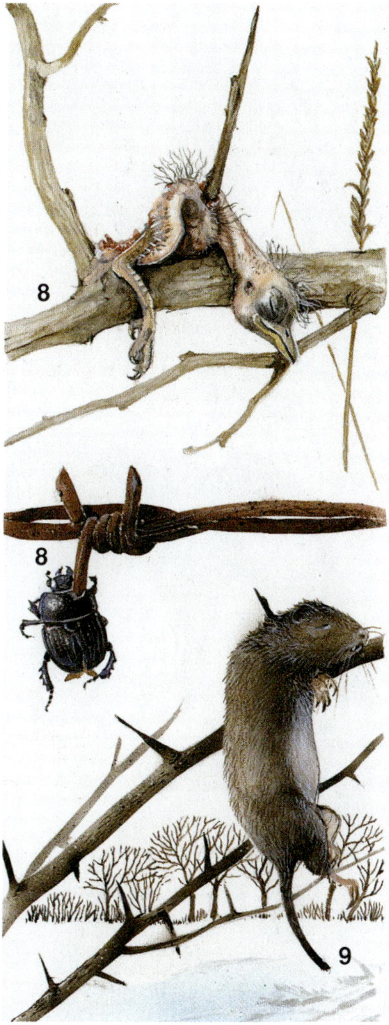

aufgespießte, deponierte Beute:
8 Neuntöter → *298*
9 Raubwürger → *299*

1 Fischadler → *282*
zurückgelassene Schleie

2 Lachmöwe → *289*
abgepickter Barsch

3 Fischotter → *321*
angefressener Barsch

4 Elster → *300*
abgepickte tote Taube

5 Turmfalke → *282*
den Jungen überbrachter Mauersegler

6 Mäusebussard → *280*
ausgefressener Maulwurf

7 Rotfuchs → *318*
ausgescharrtes Mäusenest

8 Steinmarder → *320*
ausgenommenes Bachstelzennest

9 Elster → *300*
aufgehacktes Vogelnest

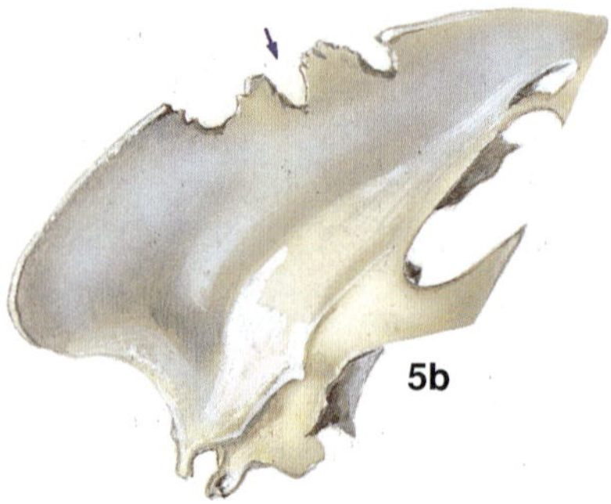

1 Grünspecht → *296*
Hackspuren im Ameisenbau

2 Dachs → *322*
ausgescharrtes Wespennest

3 Wespenbussard → *281*
Scharrfurche zum Wespennest

4 Raubtier → *318*
abgebissene Federkiele

5 Greifvogel → *279*
a herausgezogene Federkiele
b Brustbein einer Taube mit Bißmarken

6

7a

7b

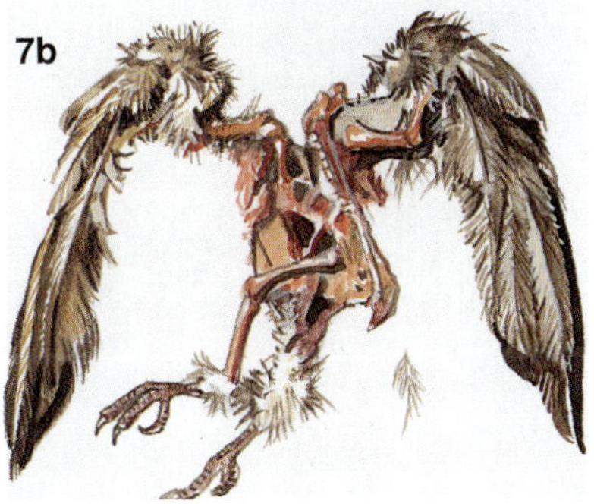

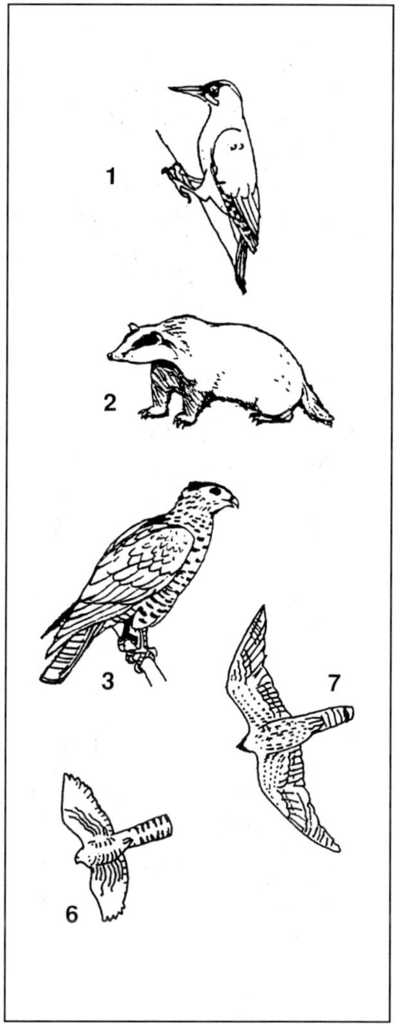

6 Sperber → *281*
Rupfung - geschlagener Wiedehopf

7 Wanderfalke → *283*
a geschlagener Kiebitz
b vollständig gekröpfte Taube (sehr typisches Bild)

1 Rotfuchs → *318*
a Reste eines Mäusebussards
b angeschnittenes Reh
c Fraßreste (Rehlauf, Kaninchenpfote) vor dem Bau

2 Rabenkrähe → *299*
angehackter Feldhase

3 Luchs → *322*
abgetrennter Kopf (Reh)

4 Habicht → *281*
a Reste einer Krähe
b Spuren des Kampfes mit einem Hasen

1c

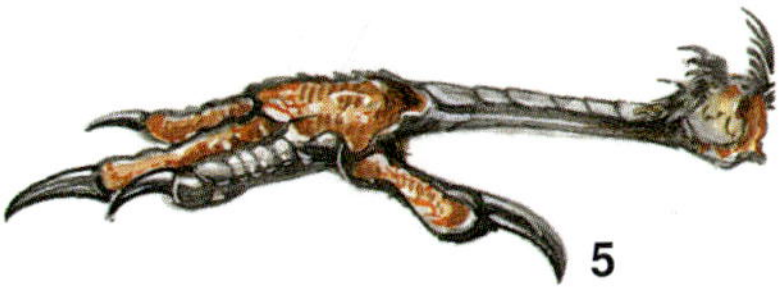

5

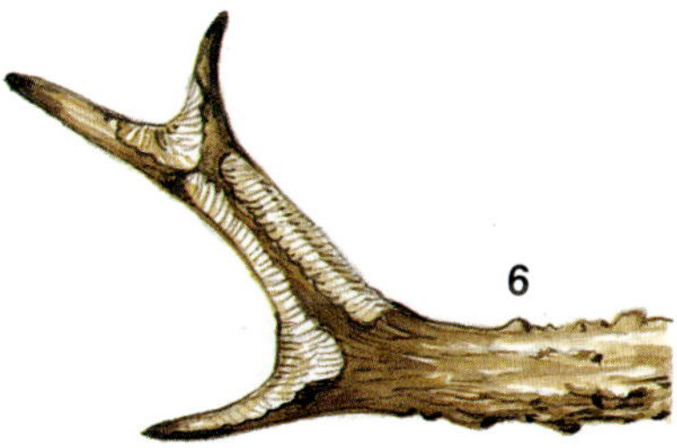

6

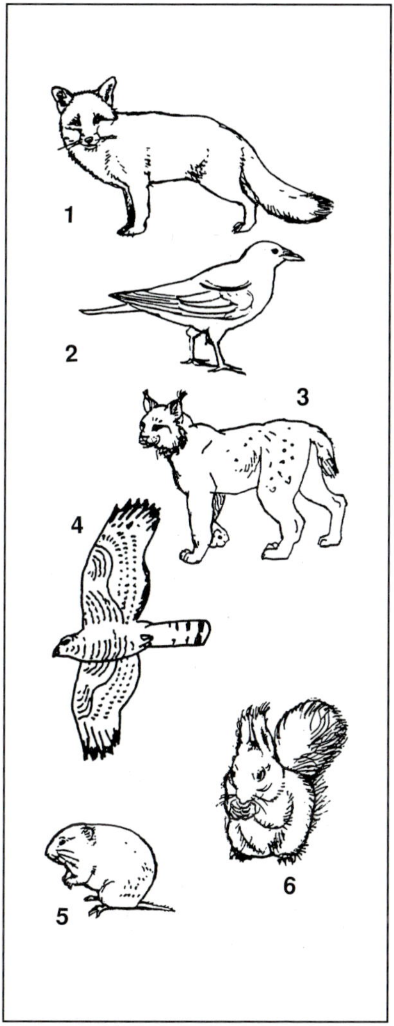

5 Maus → *313*
Fraß an Krähenfuß

6 Eichhörnchen → *312*
Nagespuren an abgeworfenem Gehörn

1 Biber → *313*
benagte Zweige und abgenagte Bäume

2 Krähe → *299*
zerhackte Wollhandkrabbe

3 Feldhamster → *317*
Dreschplatz mit Hülsen und Ähren

4 Kiebitz → *288*
Schnabelmarken im Schlamm

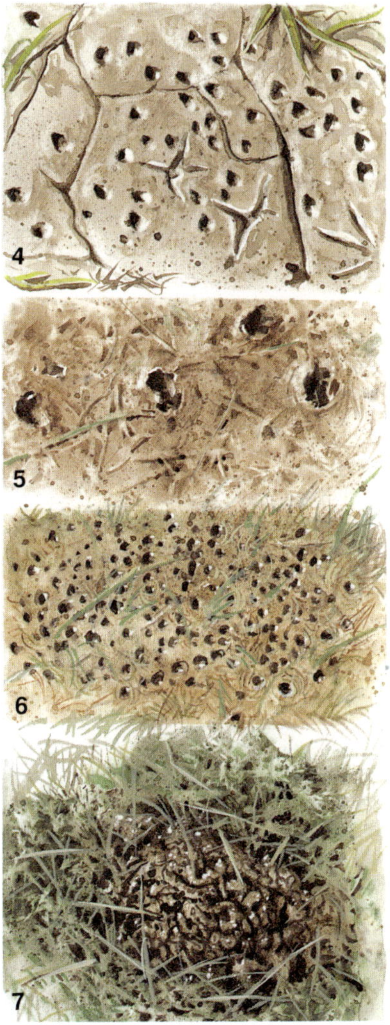

5 Saatkrähe → *299*
Schnabelmarken im Wiesenboden

6 Star → *306*
Schnabelmarken im Wiesenboden

7 Mistkäfer → *233*
an Schafdung

Exkremente und Losungen

1 Köderwurm → *214*
2 Regenwurm → *215*
stark mit Erde durchsetzt
3 Ligusterschwärmer → *264*
4 Ahorneule → *266*
5 Ringeltaube → *291*

6 Haussperling → *308*
7 Hausrotschwanz → *303*
mit Chitin- und Fruchtresten
8 Schwarzspecht → *295*
9 Mauersegler → *294*
10 Amsel → *302*
mit Beerenkernen

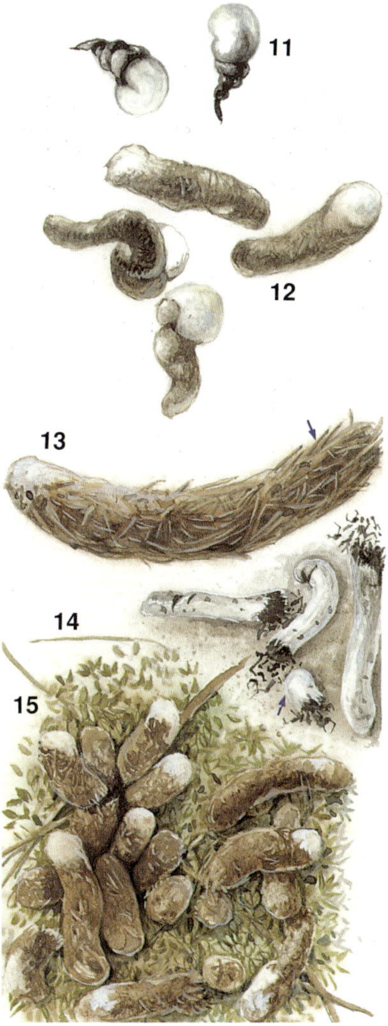

11 Rebhuhn → *285*
12 Jagdfasan → *285*
13 Auerhuhn → *283*
14 Grünspecht → *296*
15 Moorschneehuhn → *284*
am Schlafplatz

1 Graugans → *278*
2 Stockente → *279*
3 Silbermöwe → *290*
4 Graureiher → *276*
5 Eisvogel → *294*

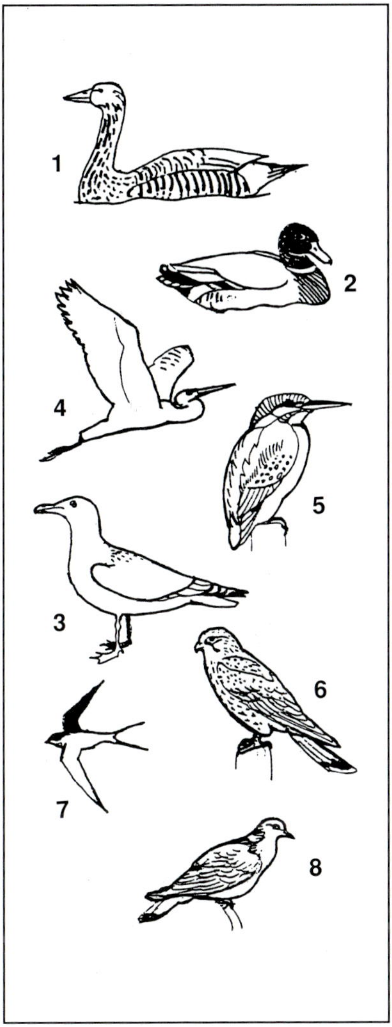

6 Turmfalke → *282*
7 Schwalbe → *297*
8 Taube → *291*

1 Hausmaus → *314*
unregelmäßig
2 Feldmaus → *315*
glatte Oberfläche
3 Wanderratte → *315*
4 Hausratte → *314*
5 Bisamratte → *316*

6 Biber → *313*
7 Fledermaus → *310*
a Kot der Kolonie
b Kotkrümel und Fraßrest
8 Igel → *309*

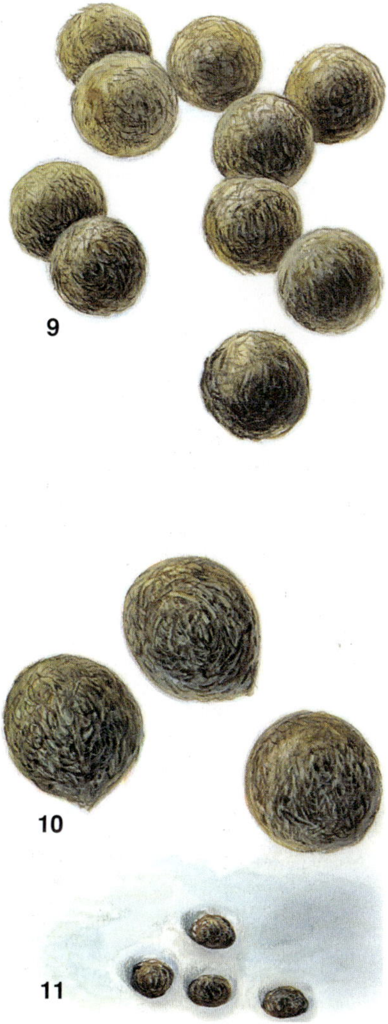

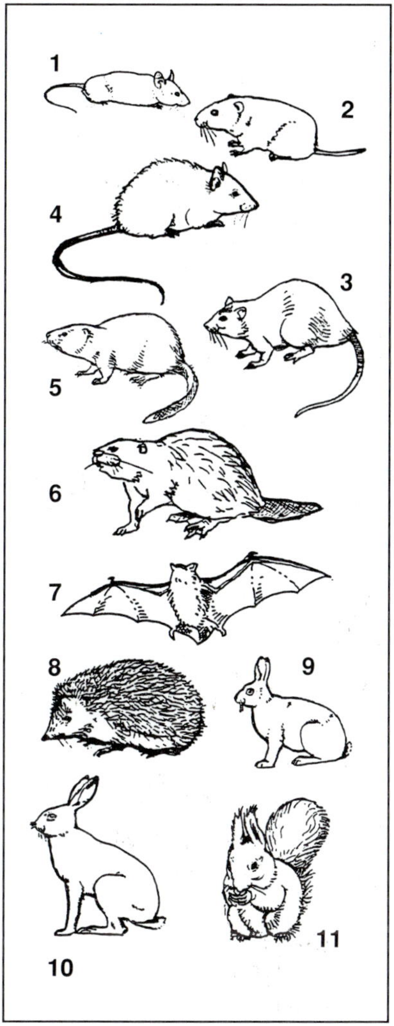

9 Kaninchen → *311*
10 Feldhase → *311*
11 Eichhörnchen → *312*

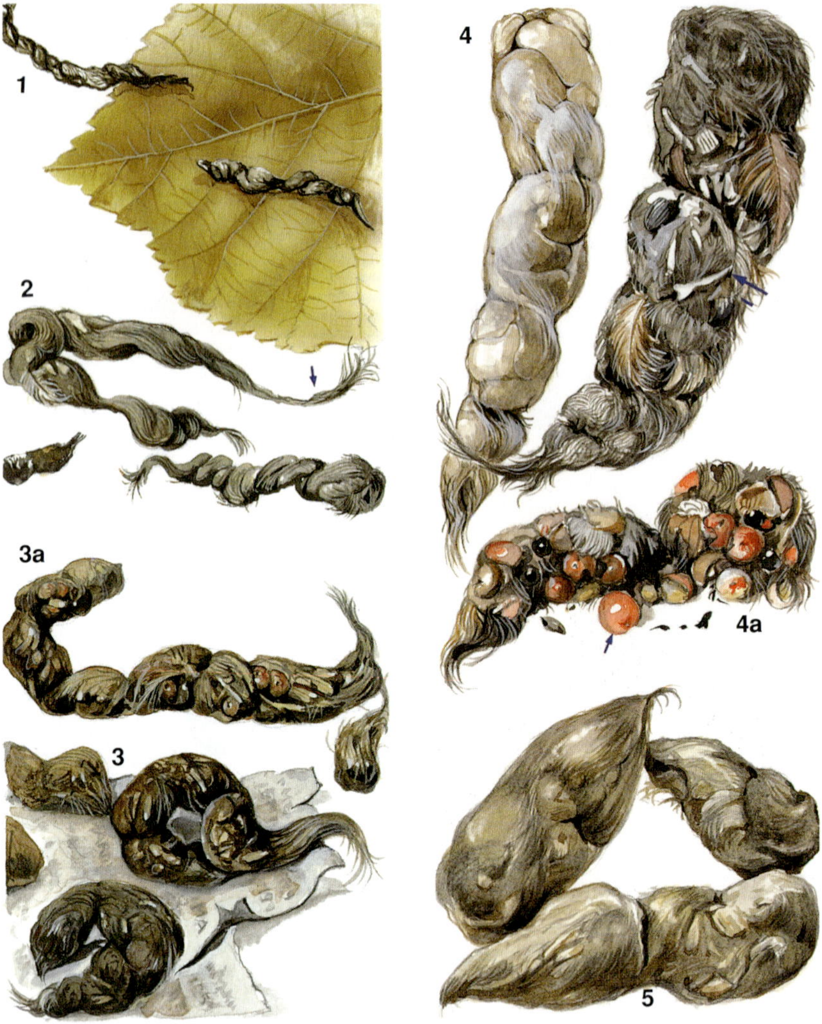

1 Mauswiesel → *321*

2 Hermelin → *320*

3 Marder → *320*
Geruch unangenehm: Steinmarder
Geruch angenehm: Baummarder
a Herbst (Beerenreste)

4 Rotfuchs → *318*
a Herbst (Beerenreste)

5 Wildkatze → *322*
verscharrt, nur als Reviermarke frei

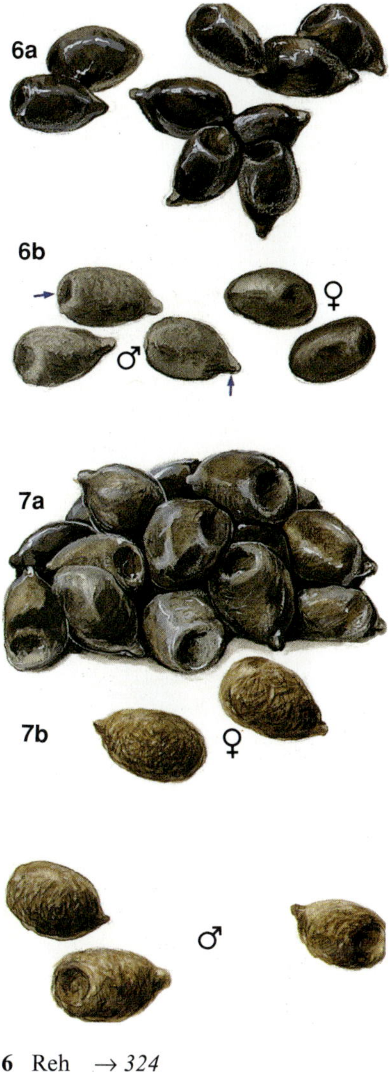

6 Reh → *324*
a Sommer
b Winter
7 Damhirsch → *324*
a Sommer
b Winter

1 Rothirsch → *324*
a Winter
b Sommer

2 Elch → *325*

3 Ren → *325*
a Sommer
b Winter

4 Mufflon → *326*
5 Gemse → *326*
6 Alpensteinbock → *326*

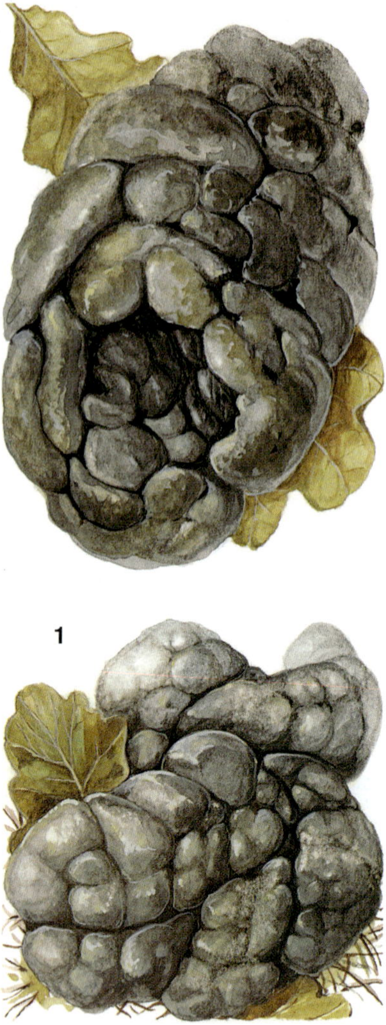

1 Wildschwein → *323*
zerfallend, Form verschieden

2 Dachs → *322*
unterschiedliche Konsistenz je nach Nahrung

3 Fischotter → *321*

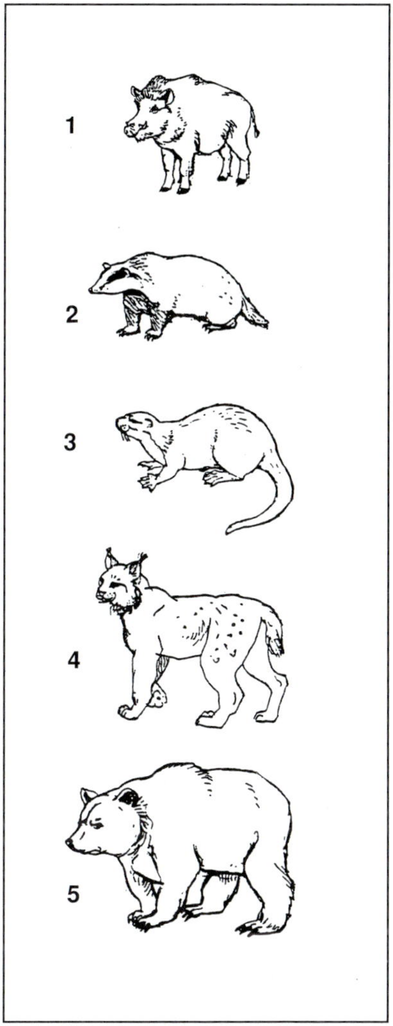

4 Luchs → *322*

5 Braunbär → *319*
ähnlich dem Rinderkot, aber hoher Beerenanteil (besonders im Herbst)

Gewölle und Speiballen

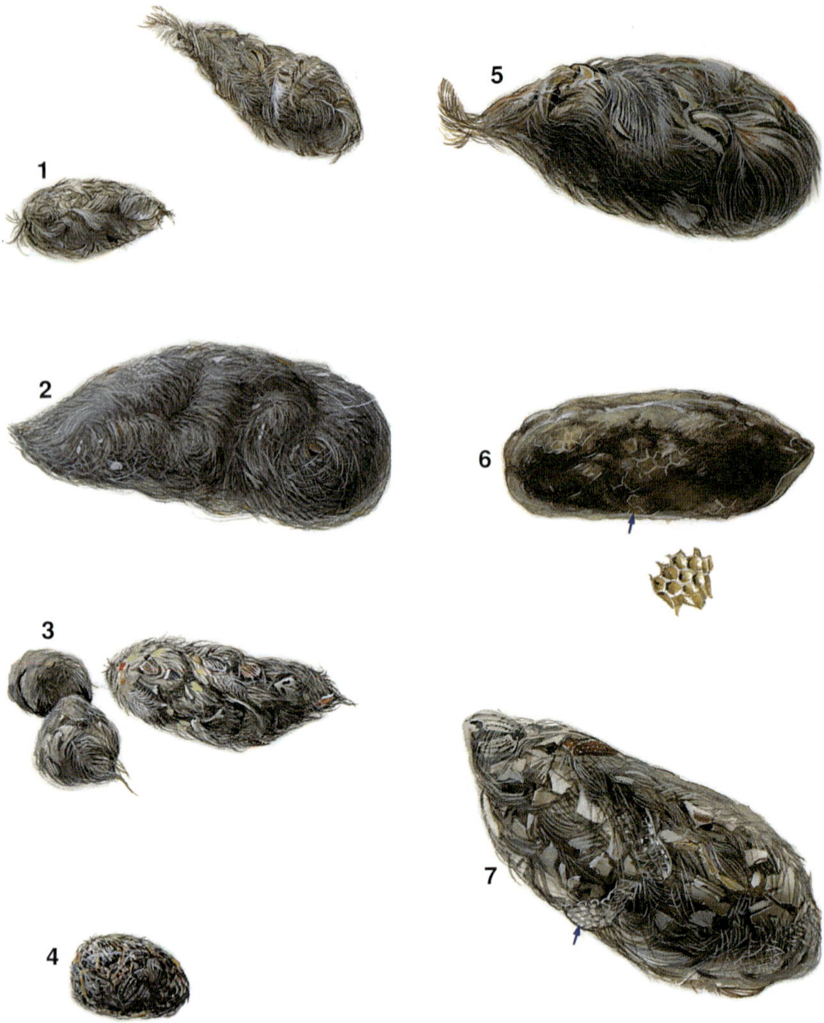

1 Sperber → *281*
2 Mäusebussard → *280*
3 Turmfalke → *282*
4 Baumfalke → *282*
5 Habicht → *281*
6 Wespenbussard → *281*
7 Rohrweihe → *279*

8 Seeadler → *280*

1 Greifvogel → *279*

2 Eule → *292*
Gewölle geöffnet

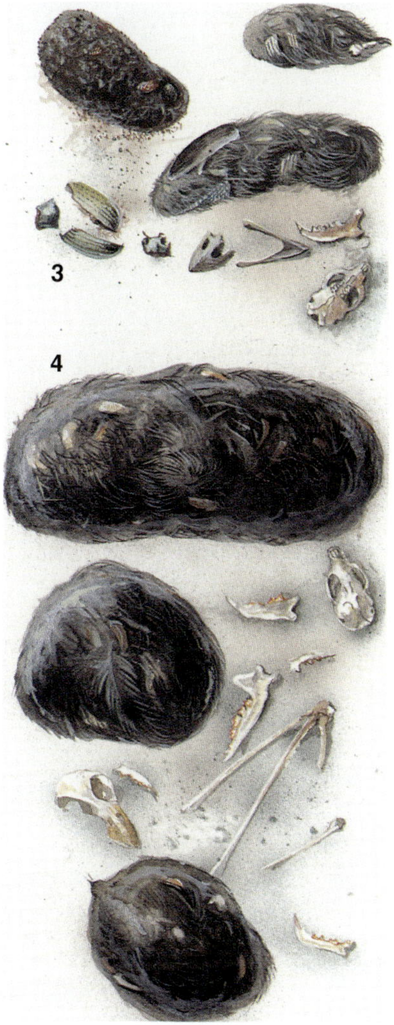

3

4

3

4

Gewölle mit herausgelösten Knochen:
3 Steinkauz → *292*
4 Schleiereule → *293*

1 Waldkauz → *292*
2 Waldohreule → *292*
3 Sumpfohreule → *293*

4 Uhu → *293*

5 Weißstorch → *277*
6 Graureiher → *276*

1 Lachmöwe → *289*
2 Sturmmöwe → *289*
3 Silbermöwe → *290*
4 Saatkrähe → *299*
5 Rabenkrähe → *299*
6 Austernfischer → *287*
7 Eisvogel → *294*
8 Neuntöter → *298*
9 Raubwürger → *299*

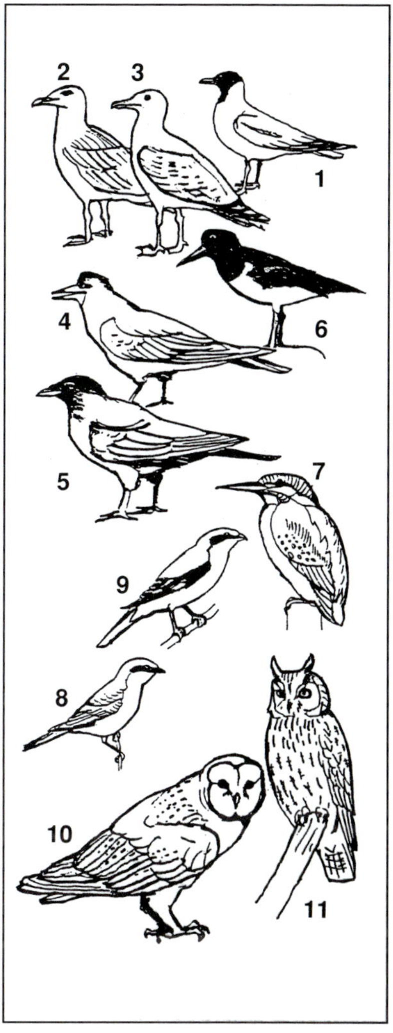

Fundplätze von Eulengewöllen:
10 Schleiereule → *293*
11 Waldohreule → *292*

Häute, Hüllen, Skeletteile

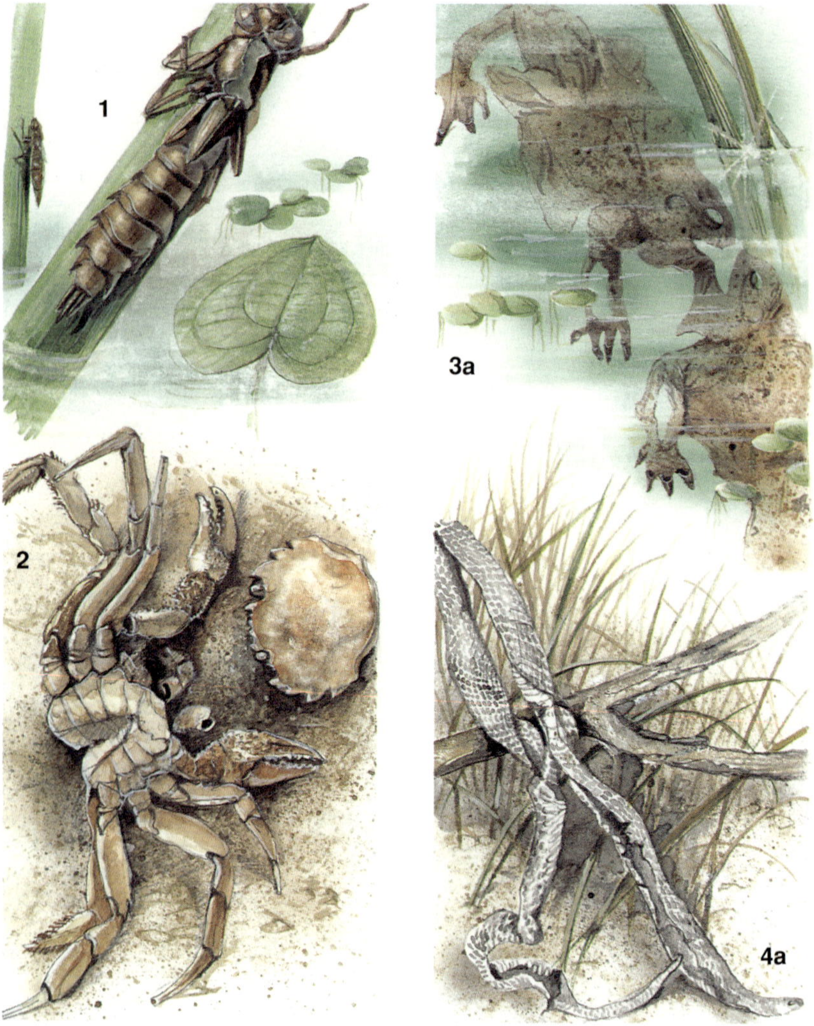

1 Blaugrüne Mosaikjungfer → *225*
Larvenhülle

2 Krabbe → *219*
abgestreifter Panzer

3 Erdkröte → *272*
a Hautreste
b Darmbein

4 Ringelnatter → *275*
a abgestoßenes „Natternhemd"
b Schädel

5 Knochenfisch → *270*

6 Barsch (Kammschuppe) → *270*

7 Karpfen (Rundschuppe) → *270*

8 Schildkröte → *274*

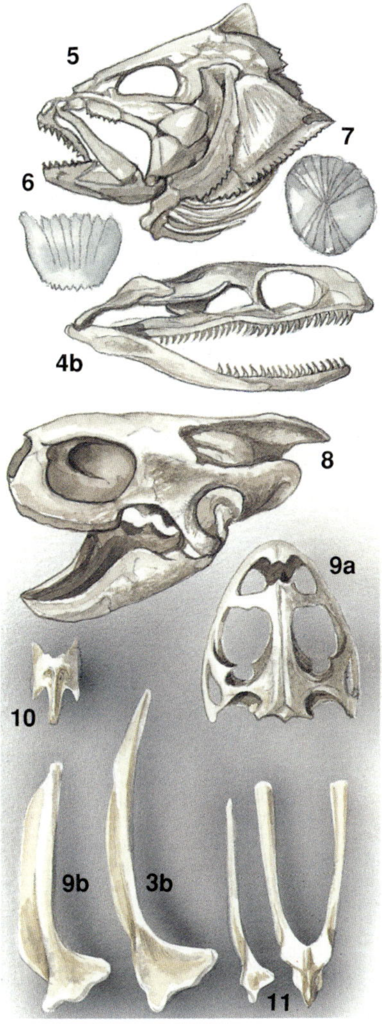

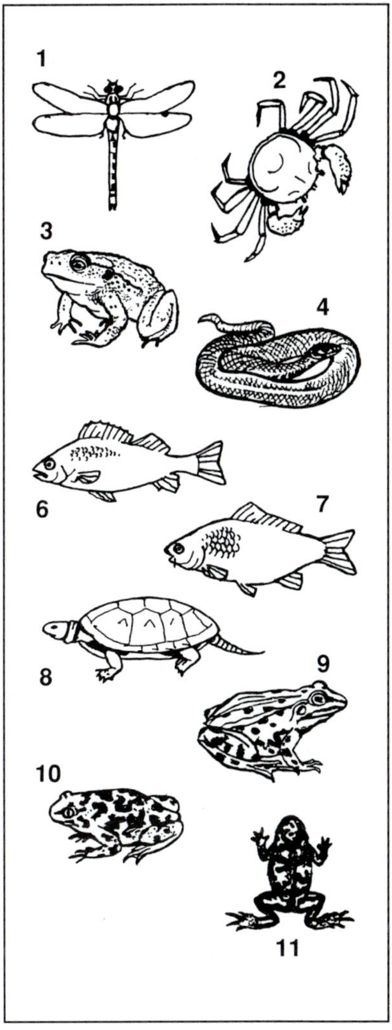

9 Grasfrosch → *273*
a Schädel
b Darmbein
10 Knoblauchkröte → *272*
Steißbein
11 Unke → *271*
Darmbeine (seitlich und von vorn)

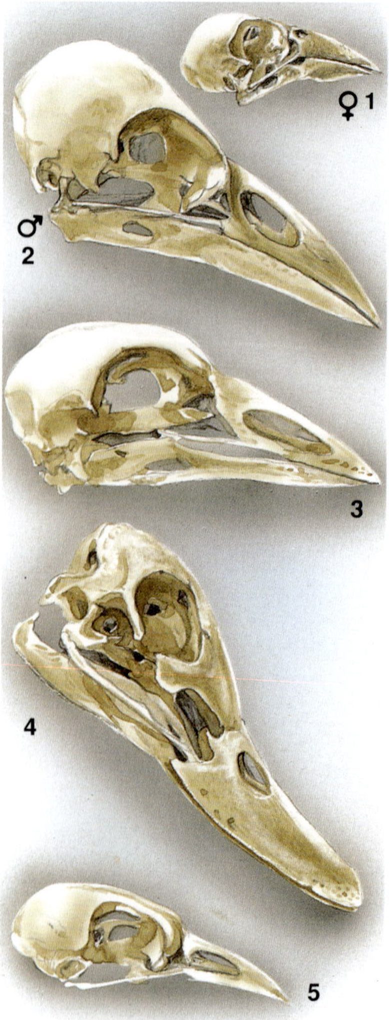

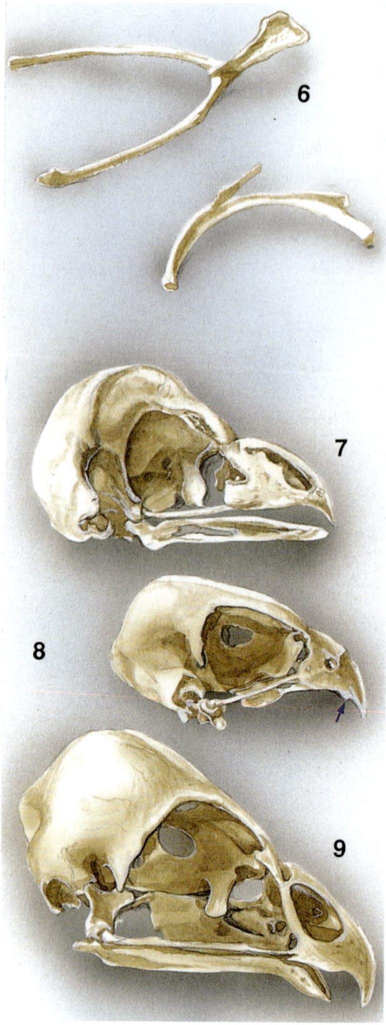

1 Stieglitz → *307*
2 Saatkrähe → *299*
3 Bläßralle → *285*
4 Ente → *279*
5 Amsel → *302*

6 Hühnervogel → *283*
Gabelbein und Rippe
7 Waldohreule → *292*
8 Turmfalke → *282*
9 Mäusebussard → *280*
10 Igel → *309*
11 Maulwurf → *309*

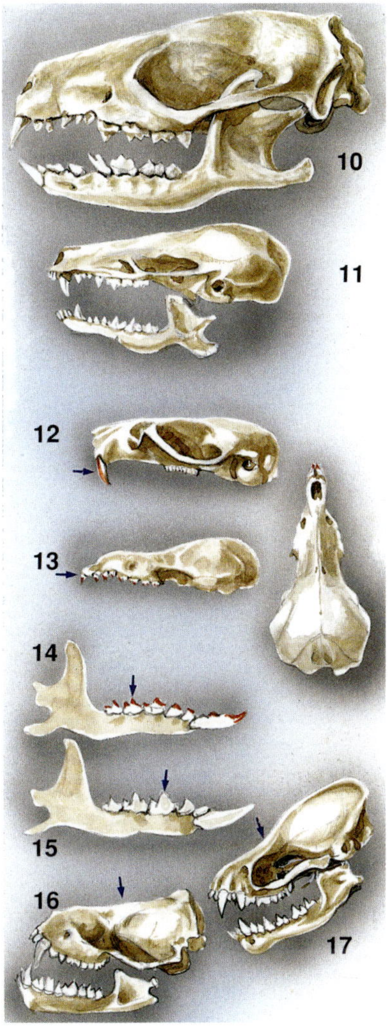

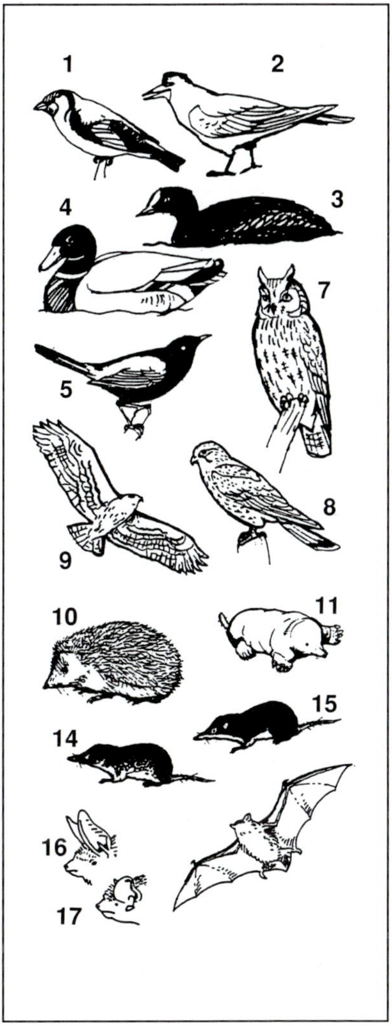

12 Maus → *313*
13 Spitzmaus → *310*
14 Waldspitzmaus → *310*
15 Feldspitzmaus → *310*
16 Großes Mausohr → *311*
17 Großer Abendsegler → *310*

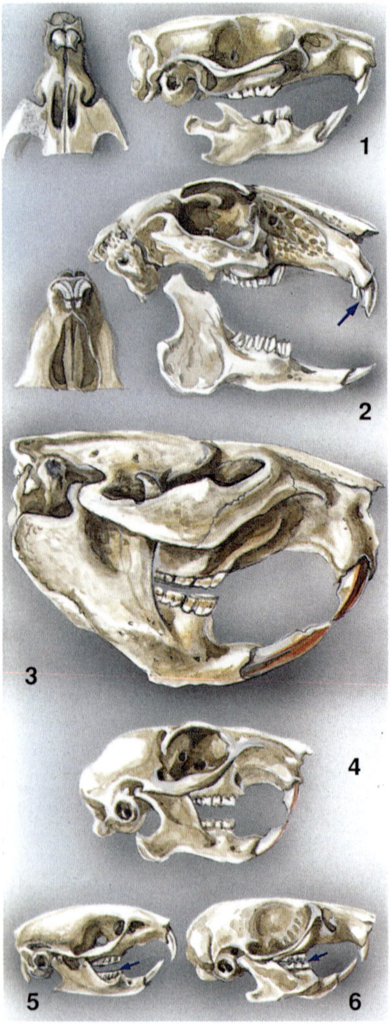

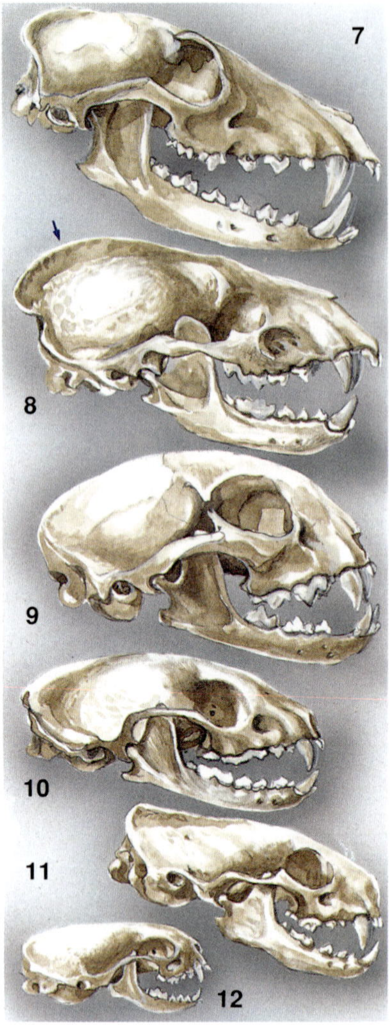

1 Wanderratte → *315*
2 Feldhase → *311*
3 Biber → *313*
4 Eichhörnchen → *312*
5 Feldmaus → *315*
6 Waldmaus → *313*

7 Rotfuchs → *318*
8 Dachs → *322*
9 Wildkatze → *322*
10 Steinmarder → *320*
11 Iltis → *321*
12 Hermelin → *320*

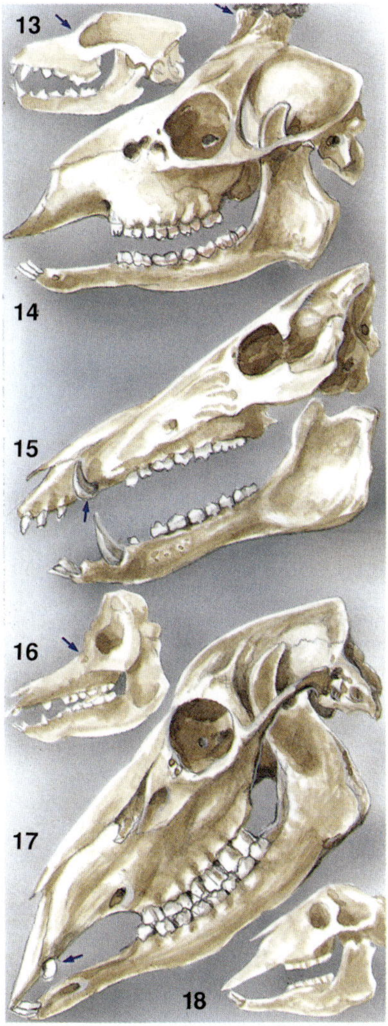

13 Haushund
14 Reh → *324*
15 Wildschwein → *323*
16 Hausschwein
17 Rothirsch → *324*
18 Hausziege

Messen und Sammeln

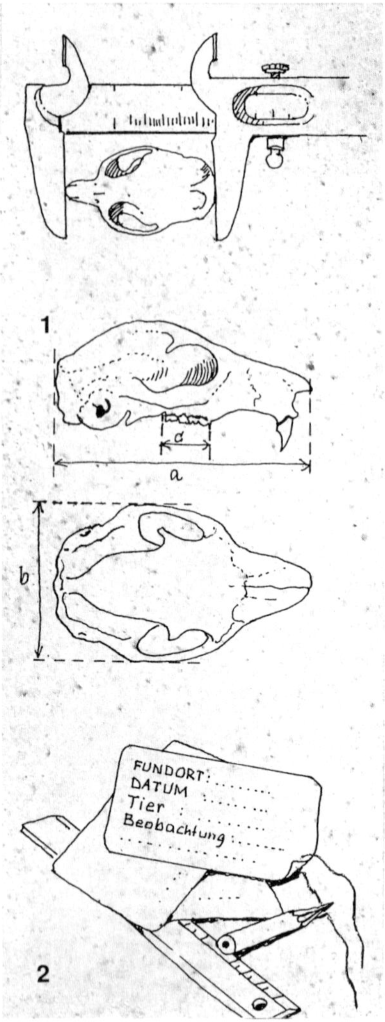

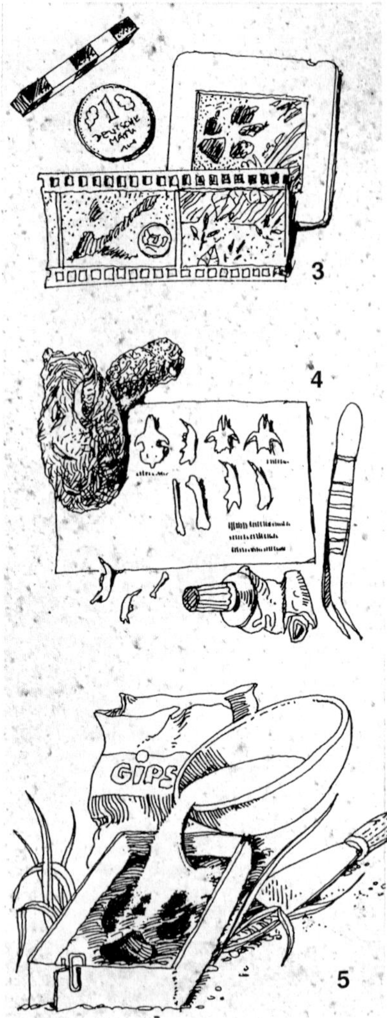

1 Meßpunkte
a Schädellänge
b Schädelbreite
c Zahnreihenlänge

2 Sammelobjekte etikettieren und wichtige Daten vermerken

3 Fotodokumentation Maßstab mit aufnehmen

4 Gewölle präparieren Skeletteile zur Dokumentation aufkleben oder lose aufbewahren

5 Abguß einer Fährte im Gelände

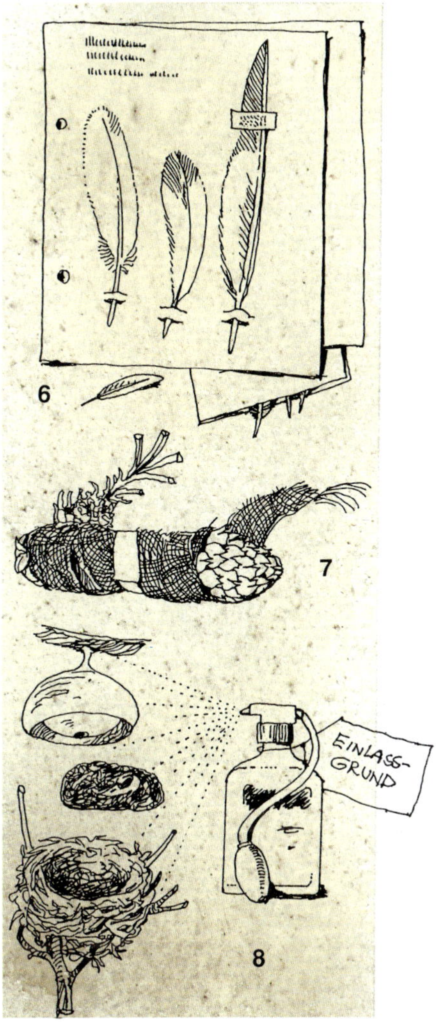

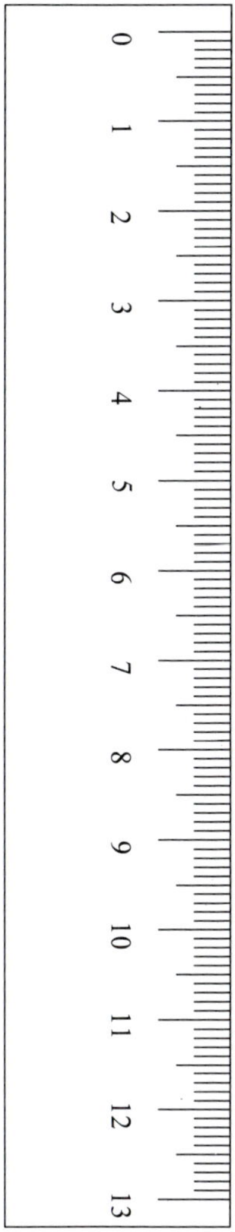

6 Federsammlung
7 Zapfen konservieren
in Mullbinden trocknen lassen
8 Nester und Gewölle konservieren
trockene Objekte können mit
Einlaßgrund (Malerbedarf)
verfestigt werden

Stamm Schwämme (Porifera)

Einfach gebaute, festsitzende Vielzeller, die sehr verschiedene Formen annehmen können. Ein- und Ausströmöffnungen ermöglichen das ständige Filtrieren kleiner Nahrungspartikel.

Süßwasserschwamm
(Ephydatia fluviatilis)

• *Kennzeichen:* Klumpen oder Krusten; bräunlich bis weißlich • *Größe:* bis 70 cm lang • *Lebensraum:* vorzugsweise im ruhigen Gewässer (auch Brackwasser) • *Lebensweise:* im Herbst werden ungeschlechtlich Dauerkeime (Gemmulae) gebildet; Ernährung durch Sinkstoffe und Kleinstlebewesen

Die verschiedenen Krustenformen finden sich an Schilfstengeln ebenso wie an Pfählen, Steinen und Zweigen.

Brotkrumenschwamm
(Halichondria panicea)

• *Kennzeichen:* unregelmäßige, sehr verschiedene Formen – trocken brotkrumenartig • *Größe:* bis zu 35 cm hoch, Ø bis 10 cm • *Lebensraum:* im Flachwasser der Nord- und Ostsee (bis Darßer Ort); auf Pfählen, Steinen usw. • *Lebensweise:* Filtrierer wie die anderen Schwämme

Auffällig und spezifisch ist die feine netzartige Oberfläche des Schwammes (Lupe).

Bohrschwamm
(Cliona celata)

• *Kennzeichen:* siebartige Löcher in Muscheln und Kalkfelsen • *Größe:* sehr variabel • *Lebensraum:* Meeresküsten • *Lebensweise:* die Art siedelt sich vorzugsweise auf Kalkfelsen an, die sie mit Hilfe ihrer Atmungskohlensäure angreift.

Die leeren Räume toter Schwämme bieten unter anderem Wohnraum für verschiedene Würmer und Krebse.

Stamm Ringelwürmer (Annelida)

Charakteristische gleichmäßige (homonome) Gliederung des langgestreckten Körpers; Kopf mit Gehirn und wichtigen Sinnesorganen – Strickleiternervensystem.

Klasse Vielborster (Polychaeta)

Köderwurm
(Arenicola marina)

• *Kennzeichen:* bräunlich bis gelbgrünlich; mit blutroten Kiemen • *Größe:* ca. 20 cm, bis 40 cm lang • *Lebensraum:* häufig in nährstoffreichen Sandböden des Flachwassers • *Lebensweise:* der Wurm lebt im Innern einer Bogenröhre und filtert aus dem Sand verwertbare Nahrungspartikel heraus – es entstehen die typischen Einsturztrichter

In Abständen von etwa 40 Minuten setzt der Köderwurm am Ende seines Ganges die geringelten Kothäufchen an der Oberfläche ab.

Dreikantwurm
(Pomatoceros triqueter)

• *Kennzeichen:* dreikantige, weiße Kalkröhre; Färbung variabel, oft kräftig leuchtend • *Größe:* bis 25 mm lang, bis 3 mm breit • *Lebensraum:* Nordsee und westliche Ostsee • *Lebensweise:* ernährt sich vom Plankton

Die kleinen Röhren findet man auf allen nur erdenklichen Unterlagen (Steine, Hölzer, Muscheln, Schiffe usw.).

Posthörnchenwurm
(Spirorbis granulatus)

• *Kennzeichen:* posthornförmig gewunden • *Größe:* Ø bis 3 mm • *Lebensraum:* Küsten der Nord- und Ostsee; weit verbreitet in den Uferzonen • *Lebensweise:* ähnlich der vorigen Art

Häufig leben die Posthörnchenwürmer vergesellschaftet mit Hohltieren, Muscheln oder Moostierchen.

Bäumchenröhrenwurm
(Lanice conchilega)

• *Kennzeichen:* Röhre senkrecht im Boden, Ende der Wohnröhre mit feinem Gerüstbäumchen • *Größe:* bis 25 cm lang • *Lebensraum:* Meeresküsten – Schlammböden • *Lebensweise:* das genannte Gerüst dient dem Nahrungsfang und der Tentakelstütze

Zum Röhrenbau werden gern Muschelstückchen verwendet, was der Art auch den Namen „Muschelsammlerin" eingebracht hat.

Klasse Wenigborster (Oligochaeta)

Regenwurm
(Lumbricus terrestris)

• *Kennzeichen:* Gürtel an den Segmenten 32 bis 37 • *Größe:* bis 30 cm lang • *Lebensraum:* vorzugsweise Lehmböden • *Lebensweise:* lebt in Erdgängen verschiedener Tiefe, die er nur selten (nach starkem Regen) verläßt; ernährt sich vorrangig von sich zersetzenden Pflanzenteilen

Der Kot wird nur teilweise an der Oberfläche abgesetzt, ein anderer Teil dient der Gangbefestigung.

Stamm Weichtiere (Mollusca)

Sehr formenreiche Gruppe, deren Vertreter im Meer ebenso wie im Süßwasser und auf dem Land vorkommen. Die Kalkschale ist sehr variabel gestaltet; bei einigen Vertretern (Nacktschnecken, Tintenfische) ist sie stark reduziert.

Klasse Schnecken (Gastropoda)

Wegschnecke
(Arion spec.)

• *Kennzeichen:* ohne Gehäuse • *Größe:* bis 15 cm lang • *Lebensraum:* Felder, Wälder, Gärten • *Lebensweise:* Eiablage am Erdboden (z.B. unter Steinen); meist pflanzliche Ernährung (z.B. auch Pilze bei *Arion subfuscus*)

Schnecken bewegen sich auf einem Schleimband fort, das sie selbst auslegen. Es dient als Gleitmittel zwischen dem Tier und der Unterlage und setzt die Reibung erheblich herab.

Wellhornschnecke
(Buccinum undatum)

• *Kennzeichen:* bis 8 Umgänge mit tiefer Naht; Form variabel • *Größe:* bis 11 cm hoch • *Lebensraum:* Nord- und Ostsee (bis Darßer Ort) • *Lebensweise:* Wellhornschnecken leben räuberisch, nehmen aber auch Aas auf

Die Eikapseln bilden auffällige bis faustgroße Klumpen. Eine Kapsel kann 1 000 Eiern enthalten.

Ohrschlammschnecke
(Lymnaea auricularia)

• *Kennzeichen:* der letzte Umgang auffällig verbreitert • *Größe:* etwa 3 cm groß • *Lebensraum:* ruhige Gewässer • *Lebensweise:* ernährt sich wie die verwandten Arten der Gattung vor allem von Pflanzenteilen, aber auch von Aas

Die Eischnüre zeigen die Form einer Raupe und werden an Wasserpflanzen angeheftet.

Weinbergschnecke
(Helix pomatia)

• *Kennzeichen:* bekannteste Schnirkelschnecke; typische Bänderung • *Größe:* ca. 4 cm hoch • *Lebensraum:* offenes Gelände, kalkliebend • *Lebensweise:* ernährt sich von Pflanzen; Vermehrung März bis Juli

Die fast erbsengroßen Eier (bis zu 60) werden in einer Nestmulde abgelegt. Die Entwicklung der Jungschnecken vollzieht sich innerhalb weniger Wochen.

Klasse Muscheln (Bivalvia)

Teichmuschel
(Anodonta cygnaea)

• *Kennzeichen:* Innenseite mit starkem Perlmuttglanz • *Größe:* bis 20 cm lang • *Lebensraum:* in stehenden Gewässern, auch in größeren Tiefen • *Lebensweise:* Ernährung durch Filtration des Wassers (Kleinstlebewesen und Sinkstoffe)

Der Muschelfuß dient der langsamen Kriechbewegung (und dem Eingraben) auf dem Gewässergrund. Zusätzliches Rütteln wirbelt Nahrungspartikel auf.

Schiffsbohrer
(Teredo navalis)

• *Kennzeichen:* wurmförmige Gestalt • *Größe:* bis 30 cm lang • *Lebensraum:* sehr häufig in der Nordsee • *Lebensweise:* die auf einen winzigen Ring reduzierten Schalen dienen als Bohrwerkzeuge – mit ihrer Hilfe und einem speziellen Muskelapparat gelingt das rasche Eindringen in Holz und andere Materialien

Der Schiffsbohrer gehört zu den schädlichsten Bohrmuscheln; er hinterläßt charakteristische Gänge und Löcher, die zum Teil mit Kalk ausgekleidet sind.

Stamm Kranzfühler (Tentaculata)

Eine dem Laien kaum bekannte Tiergruppe, die vor allem durch den Besitz von Tentakelkränzen um die Mundöffnung charakterisiert ist. Manche Vertreter sind durch muschelähnliche Schalen gekennzeichnet (früher auch „Muschellinge“). Die Stellung des Stammes im System der Tiere ist noch nicht völlig geklärt.

Klasse Moostierchen (Bryozoa)

Die Vertreter dieser Klasse leben in Kolonien, deren Wuchsformen häufig an feingliedrige Korallen oder Moose erinnern (Name). Das Einzeltier selbst erreicht oft nur die Größe von 1 bis 2 mm, die Kolonie besteht nicht selten aus Tausenden oder Hunderttausenden von Tieren. Pflanzliches und tierisches Plankton dient den Moostierchen als Nahrung.

Stamm Gliederfüßer (Arthropoda)

Artenreichste Tiergruppe (mehr als 1,5 Millionen) mit einer schier unvorstellbaren Formenvielfalt. Typische Merkmale: ein Außenskelett als Stützorgan, gegliederte Füße.

Klasse Krebstiere (Crustacea)

Ordnung Thoracica

Familie Seepocken (Balanidae)

Seepocken
(Balanus spec.)

• *Kennzeichen:* Kalkgehäuse aus 4 bis 8 Platten • *Größe:* meist wenige Zentimeter hoch • *Lebensraum:* Meeresbewohner • *Lebensweise:* die Larvenstadien setzen sich am Untergrund oder an Gegenständen fest und bilden ihr Gehäuse aus; feine Nahrungspartikel werden aus dem Wasser gesiebt

Im sogenannten Seepockensaum der Nord- und Ostsee überwuchern diese Rankenfußkrebse oft ganze Felsen und Uferanlagen.

Ordnung Zehnfußkrebse (Decapoda)

Familie Amerikanische Flußkrebse (Cambaridae)

Amerikanischer Flußkrebs
(Orconectes limosus)

• *Kennzeichen:* rote Querstreifen auf dem Hinterleib • *Größe:* bis 12 cm lang • *Lebensraum:* im Hinblick auf die Gewässerreinheit weniger anspruchsvoll als der Edelkrebs • *Lebensweise:* ernährt sich von Mollusken und anderen Kleintieren

Während die Edelkrebse sich tagsüber in Verstecken aufhalten, geht der Amerikanische Flußkrebs nicht nur nachts auf Nahrungssuche. Im weichen Schlammboden hinterläßt er deutliche Laufspuren.

Familie Schwimmkrabben (Portunidae)

Strandkrabbe
(Carcinus maenas)

• *Kennzeichen:* Ende des fünften Beinpaares abgeflacht • *Größe:* bis 6 cm lang, 8 cm breit • *Lebensraum:* Gezeitenregion der Nord- und Ostsee (bis Hiddensee) • *Lebensweise:* häufig verborgen unter Steinen und Pflanzen; ein nachtaktiver Räuber

Dem Beobachter fällt die Strandkrabbe durch ihr häufiges Seitwärtslaufen (Dwarslöper) auf.

Klasse Spinnentiere (Arachnida)

Ordnung Webespinnen (Araneae)

Familie Baldachinspinnen (Linyphiidae)

Baldachinspinne
(Linyphia triangularis)

• *Kennzeichen:* Hinterleib höher als breit; Vorderkörper mit „Stimmgabelzeichnung“ • *Größe:* 5 mm lang • *Lebensraum:* häufig in der Strauch- und Krautschicht von Waldschonungen • *Lebensweise:* die Spinnen hängen bauchoben am Netz und warten auf Beute, die sie durch die Netzdecke hindurch lähmen

Im Sommer und Herbst beobachtet man die Deckennetze der Baldachinspinnen in riesiger Zahl.

Familie Radnetzspinnen (Araneidae)

Zebraspinne
(Argyope bruennichi)

• *Kennzeichen:* wespenähnliche Zeichnung des Hinterleibs • *Größe:* ca. 15 mm lang • *Lebensraum:* in verschiedenen Lebensräumen, zum Teil in Ausbreitung begriffen • *Lebensweise:* Paarung ab Juli, wobei das Männchen meist verspeist wird

Das Netz mit den zwei Zickzackbändern wird senkrecht zwischen Bodenpflanzen gebaut.

Herbstspinne
(Meta segmentata)

• *Kennzeichen:* Zeichnung nicht immer deutlich; auch Färbung etwas variabel • *Größe:* bis 5,5 mm lang • *Lebensraum:* in verschiedenen Lebensräumen – vor allem auf Ödländern • *Lebensweise:* während der Paarungszeit oft mehrere Männchen und ein Weibchen am Netz; die Erwachsenen sind ab August zu beobachten

Die Netze (Lochnetz – offene Nabe) werden meist schräg zwischen Gräsern und Kräutern aufgespannt.

Gartenkreuzspinne
(Araneus diadematus)

• *Kennzeichen:* auffällige, aber variable Kreuzzeichnung auf dem Hinterleib • *Größe:* bis 15 mm lang • *Lebensraum:* vor allem an Bäumen, Sträuchern und in Gebäuden • *Lebensweise:* Eiablage meist im September in mehreren Kokons; die Jungen schlüpfen im Mai

Im Regelfall wartet die Kreuzspinne im Zentrum des Netzes auf ihre Beute, die sie vor der Verdauung einspinnt.

Sektorspinne
(Zygiella x-notata)

• *Kennzeichen:* Blattzeichnung auf dem Hinterleib • *Größe:* 10 mm lang • *Lebensraum:* vorrangig in der Nähe von Gebäuden und Zäunen • *Lebensweise:* die Spinne wartet in ihrem Schlupfwinkel auf ein „Zeichen" des Signalfadens; zu beobachten sind die erwachsenen Tiere vor allem von Juli bis September

Ein volles Radnetz – ohne Sektor – wird gesponnen, wenn Signalfaden und Netzfläche einen Winkel von mehr als 40 Grad bilden. Der Netzbau findet nachts oder morgens statt und dauert etwa eine Stunde.

Familie Kugelspinnen (Theridiidae)

Kugelspinne
(Theridion impressum)

• *Kennzeichen:* auffällige Zeichnung des Hinterleibs – helles Mittelband • *Größe:* 4 – 5 mm lang • *Lebensraum:* trockene, sonnige Standorte; Wegränder • *Lebensweise:* hochentwickelte Brutfürsorge: Fütterung der Jungspinnen mit vorverdauter Nahrung durch die Mutter

Mehr oder minder nah am Boden finden sich die Haubennetze; Klebefäden führen nach unten. Fast alle Kugelspinnen verfügen über extrem starke Gifte.

Familie Trichternetzspinnen (Agelenidae)

Bodentrichterspinne
(Coelotes terrestris)

• *Kennzeichen:* hintere Spinnwarzen lang • *Größe:* bis 14 mm lang • *Lebensraum:* vorzugsweise am Waldboden • *Lebensweise:* vor allem nachts lauert die Spinne in der Mündung des Netztrichters; Jungspinnen werden bis zum Tod der Mutter im Netz betreut

Die kleinen Trichternetze lassen sich sehr häufig am Waldboden beobachten. Ähnliche Netze werden auch von Finsterspinnen (Amaurobiidae) und Sechsaugenspinnen (*Segestria*) gebaut.

Winkelspinne
(Tegenaria spec.)

• *Kennzeichen:* auffällig lange Spinnwarzen, Beine lang • *Größe:* bis 18 mm lang • *Lebensraum:* viele Arten in Gebäuden (vor allem *T. atrica*) • *Lebensweise:* Winkelspinnen sind vor allem nachtaktiv; nach der Eiablage sterben die Weibchen nicht – manche erreichen ein Alter von sieben Jahren

Die großen dichten Netze gehen in eine offene Wohnröhre über. Oberhalb des Netzes befinden sich Hedderfäden, in denen sich die Beute verfängt. Die Unterscheidung der verschiedenen Arten anhand ihrer Netze ist nicht möglich.

Familie Kräuselradnetzspinnen (Uloboridae)

Dreiecksspinne
(Uptiotes paradoxus)

• *Kennzeichen:* unauffällige Färbung; leicht übersehbar • *Größe:* bis 5 mm lang • *Lebensraum:* fast ausschließlich an Fichten • *Lebensweise:* die Spinne löst die Netzspannung, sobald ein Beutetier sich verfängt – im zusammenfallenden Netz verstrickt sich die Beute; nach jedem Beutefang Neubau des Netzes

Das dreieckige Netz wird meist in etwa 2 m Höhe angebracht. Es ist wahrscheinlich aus einem der bekannten Radnetze hervorgegangen.

Familie Krabbenspinnen (Thomisidae)

Krabbenspinne
(Xysticus spec.)

• *Kennzeichen:* die Färbung wechselt häufig je nach Untergrund • *Größe:* bis 10 mm lang • *Lebensraum:* Kraut- und Strauchschicht • *Lebensweise:* Krabbenspinnen bauen keine Fangnetze, sondern lauern ihrer Beute auf (Lauerer); interessantes Paarungsverhalten, bei dem das Weibchen durch Spinnfäden fixiert wird

Die flachen Eikokons werden meist auf Gräsern beobachtet (ab August); die Bewachung obliegt dem Weibchen.

Familie Raubspinnen (Pisauridae)

Raubspinne
(Pisaura mirabilis)

• *Kennzeichen:* dunkel eingefaßte Zackenbinde • *Größe:* 14 mm lang • *Lebensraum:* vor allem in der Kraut- und Strauchschicht der Ebene • *Lebensweise:* Paarung meist Anfang Juni; das Weibchen hält den Eikokon (bis 300 Eier) unter dem Vorderkörper

Raubspinnen bauen keine Fangnetze, sondern überfallen ihre Beute. Das kuppelförmige Netz dient den Jungen als Wohngespinst.

Familie Sackspinnen (Clubionidae)

Feenlämpchen
(Agroeca brunnea)

• *Kennzeichen:* Vorderkörper mit zwei dunklen Längsbinden • *Größe:* 9 mm lang • *Lebensraum:* im offenen Gelände – häufig unter Steinen • *Lebensweise:* baut keine Fangnetze; nächtliche Jagd, am Tage in Verstecken; die Entwicklung ist zweijährig

Weit häufiger als die verborgenen Spinnen findet man die hübschen Eikokons (Feenlämpchen). Sie bestehen aus einer Ei- und einer Häutungskammer und sind äußerlich manchmal durch Erde optisch getarnt.

Sackspinne
(Clubonia stagnatilis)

• *Kennzeichen:* unauffällig bräunlich • *Größe:* 8 mm lang • *Lebensraum:* Gewässernähe, feuchte Wiesen mit Schilf • *Lebensweise:* nächtlichen Lebensweise, deshalb gelingt die Beobachtung selten; ab Sommer Eikokons – die Folgegeneration überwintert

Auffällig ist die aus zweimaligem Knicken eines Gras- bzw. Schilfhalmes hergestellte Wohnkammer. Die anderen Sackspinnen bauen ähnliche Unterschlupfmöglichkeiten.

Ordnung Milben (Acari)

Familie Gallmilben (Eriophyidae)

Die Arten dieser Familie unterscheiden sich in Bau und Lebensweise erheblich von anderen Milben. Die Erwachsenen bilden nur zwei Beinpaare aus; ihre Größe liegt meist um 0,1 bis 0,2 mm. Sie leben als Pflanzenparasiten und verursachen die verschiedensten Gallbildungen.

Haselnußknospengallmilbe
(Eriophyes avellanae)

Die Milben leben in den Knospengallen bis Mai, danach wandern sie ab. Man beobachtet maximal 6 Generationen mit den entsprechenden Gallen im Jahr. Die Entwicklung innerhalb der Knospengallen ist auch bei ungünstiger Witterung und in der kalten Jahreszeit möglich.

Lindengallmilbe
(Eriophyes lateannulatus)

Die Gallen sind maximal 5 mm lang; man beobachtet sie schon zeitig im Frühjahr bis zum Spätherbst (Laubfall). Die Hörnchen sind abgerundet bis zugespitzt und meist glatt. Sehr ähnliche Gallen auf Linde verursachen auch andere *Eriophyes*-Arten (z.B. *E. tiliae*).

Ahornblattgallmilbe
(Aceria macrorrhyncha)

Oft stellt man einen sehr starken Befall fest – die gelblich bis rötlichen, etwa 2,5 mm langen Gallen finden sich dann nicht nur auf den Blattoberseiten, sondern auch an anderen Pflanzenteilen (z.B. an Blattstielen).

Weidenblattgallmilbe
(Aceria tetanothrix)

Diese Gallmilbenart befällt vor allem schmalblättrige Weiden. Dort verursacht sie während der gesamten Vegetationsperiode die bekannten Knöpfchengallen von bis zu 1 mm Durchmesser. Verbunden mit der Gallbildung beobachtet man nicht selten eine Einrollung des Blattes vom Rande her.

Walnußblattgallmilbe
(Aceria tristriata)

Die 2 mm großen Gallen finden sich oft an Blattober- und -unterseite, aber auch auf Fruchtschalen. Im reifen Stadium werden sie zu ausgehöhlten schwarzbraunen Knötchen – man spricht von der Pockenkrankheit.

Klasse Insekten (Hexapoda)

Urinsekten (Apterygota)

Die Arten dieser Gruppe gehören verschiedenen Insektenordnungen an, sind aber untereinander nicht näher verwandt. Alle kennzeichnet die Flügellosigkeit und eine geringe Größe. Mit den recht ursprünglichen, freien Mundwerkzeugen tragen sehr viele Arten zur Verwertung organischen Materials und damit zur Humusbildung bei.

Ordnung Libellen (Odonata)

Familie Edellibellen (Aeshnidae)

Blaugrüne Mosaikjungfer
(Aeshna cyanea)

• *Kennzeichen:* gelbliche, ovale Flecken hinter dem Kopf • *Größe:* 6,5 – 8 cm lang, bis 11 mm Flügelspannweite • *Lebensraum:* häufig in der Nähe von Gewässern, aber auch in großer Entfernung davon • *Lebensweise:* fliegt von Mitte Juni bis November; räuberische Ernährung im Fluge; die Larven schlüpfen ab April

Die Libellen entwickeln sich im Wasser; nach dem Schlupf bleiben am Ufer die leeren Larvenhäute (Exuvien) zurück. Sie werden aber durch verschiedene Einflüsse (z.B. durch Wellenschlag) rasch zerstört.

Ordnung Schaben (Blattodea)

Familie Schaben (Blattidae)

Amerikanische Großschabe
(Periplaneta americana)

• *Kennzeichen:* Flügel überragen den Körper • *Größe:* etwa 4 cm lang • *Lebensraum:* Speicher, Lager usw. • *Lebensweise:* sehr verborgen, lichtscheu, wärmeliebend; Ernährung vielseitig (u.a. menschliche Nahrungsmittel)

Charakteristisch für die Schaben sind die Pakete oder Eikokons (Ootheken); sie enthalten jeweils bis zu 20 Eiern und zeigen sich gegen verschiedenste Umwelteinflüsse ausgesprochen widerstandsfähig. Oft sind sie durch Ankleben von Kot und anderem gut getarnt.

Ordnung Heuschrecken (Saltatoria)

Familie Maulwurfsgrillen (Gryllotalpidae)

Maulwurfsgrille
(Gryllotalpa gryllotalpa)

• *Kennzeichen:* dicht seidig behaart • *Größe:* bis 5 cm lang • *Lebensraum:* in Gärten und im freien Feld; in unterirdischen Gängen – während der Fortpflanzungszeit (Mai bis Juni) auch oberirdisch • *Lebensweise:* ernährt sich von Kleintieren und Pflanzen

Zur Ablage der Eier gräbt das Weibchen eine eigene Höhle; die bis zu 300 Eier werden dort zu einem Haufen gestapelt und durch Belecken gepflegt.

Familie Grillen (Gryllidae)

Feldgrille
(Gryllus campestris)

• *Kennzeichen:* schwarzer „Kopfpanzer“ • *Größe:* um 2 cm lang • *Lebensraum:* warme, trockene Wiesen, Waldränder und Felder • *Lebensweise:* jede Grille lebt in ihrem eigenen Gang; Ernährung mit tierischer und pflanzlicher Kost

In der Wohnröhre werden 20 bis 40 Eier abgelegt. Aus ihnen schlüpfen nach 2 bis 4 Wochen die Larven. Jede Larve gräbt sich ihre eigene Überwinterungsröhre.

Ordnung Fangschrecken (Mantodea)

Familie Fangschrecken (Mantidae)

Gemeine Gottesanbeterin
(Mantis religiosa)

• *Kennzeichen:* lange, kräftige, auf Beutefang spezialisierte Vorderbeine • *Größe:* um 6 cm lang • *Lebensraum:* sonnige Wiesen • *Lebensweise:* typische Lauerer, die sich von verschiedenen Insekten ernähren

Das Weibchen setzt die Eier im Paket (Oothek) ab. In dieser speziellen Form überwintern die Eier auch. Die Imagines beobachtet man dagegen von Juli bis Oktober.

Ordnung Gleichflügler (Homoptera)

Unterordnung Zikaden (Cicadina)

Familie Schaumzikaden (Cercopidae)

Wiesenschaumzikade
(Philaenus spumarius)

• *Kennzeichen:* Zeichnung variabel • *Größe:* bis 6 cm lang • *Lebensraum:* Wiesen (z.B. Wiesenschaumkraut) • *Lebensweise:* Saugtätigkeit an Pflanzen von Juli bis Oktober; Eiablage und Überwinterung der Eier an Pflanzenstengeln

Auffälliger als die Tiere selbst ist der sogenannte Kuckucksspeichel. Dabei handelt es sich um eine schaumige Masse aus flüssigen Ausscheidungen der Larven, in die Atemluft gepumpt wird; darunter verbergen sich die Larven.

Unterordnung Springläuse (Psyllina)

Familie Blattflöhe (Psyllidae)

Erlenblattfloh
(Psylla alni)

• *Kennzeichen:* meist einfarbig grün • *Größe:* um 5 mm lang • *Lebensraum:* vorrangig an Erle • *Lebensweise:* Saugtätigkeit und Eiablage an jungen Trieben

Die Larven leben verborgen in dicken Wachspolstern, die weiße Überzüge an den grünen Zweigen bilden (auffällig ab Ende Mai bis Anfang Juni).

Unterordnung Blattläuse (Aphidina)

Familie Blasenläuse (Eriosomatidae)

Die Vertreter dieser Familie kennzeichnet das weitgehende Fehlen der Rückenröhren, während die Wachsdrüsen in der Regel vorhanden sind und fädige Wolle ausscheiden. Meist Wirtswechsel, wobei sich die Stammütter (Fundatrix) und die oft blasenförmigen Gallen an den Holzgewächsen finden; den Sommerwirt bilden verschiedene Pflanzenwurzeln. Die Generationswechsel im Jahreslauf sind oft kompliziert und vielteilig, wobei geflügelte und ungeflügelte Formen ebenso auftreten wie geschlechtliche und parthenogenetische Generationen. Größe meist 2 bis 3 mm.

Spiralgallenlaus
(Pemphigus spirothecae)

Eine der häufigsten Gallen an der Schwarzpappel (Wirtstreue), meist an unteren Stammausschlägen. Die Larven der Stammütter saugen einseitig am Blattstiel, wodurch die Gegenseite vergleichsweise stärker wächst. In der entstehenden Höhlung leben die Folgegenerationen. Später Übergang auf die Rinde – Wintereier.

Pappelblattrippengallenlaus
(Pemphigus filaginis)

Die ca. 20 mm lange taschenförmige Galle entsteht auf der Blattunterseite der Pappel im Bereich der Mittelrippe. Darin leben die Stammütter; später Abwanderung einer Folgegeneration auf verschiedene Korbblütler, danach Rückwanderung an Pappel (Wintereier an Rinde).

Salatwurzellaus
(Pemphigus bursarius)

Die Stammütter leben in der beutelförmigen Blattstielgalle der Pappel. Diese wird im Sommer durch einen winzigen Spalt verlassen; die geflügelte Generation geht auf den Sommerwirt über: verschiedene Korb- und Kreuzblütler (z.B. Salat).

Ulmenblattrollaus
(Schizoneura ulmi)

In der eingerollten, manchmal blasig vergrößerten Röhre leben die Stammütter (auch zu mehreren) und die ersten

Folgegenerationen; später Abwanderung zu den Wurzeln von verschiedenen *Ribes*-Arten.

Birnenblutlaus
(Schizoneura lanuginosa)

In den manchmal bis faustgroßen sackförmigen Blattgallen (nach dem Schlupf der Blattläuse verwelken sie, bleiben aber den Winter über am Baum) leben verschiedene geflügelte und ungeflügelte Generationen. Eine geflügelte Generation geht auf den Sommerwirt, die Birne, über. Dort saugt sie im Wurzelbereich; später Rückwanderung an Ulme.

Rüsternblasenlaus
(Byrsocrypta ulmi)

Stammütter und Folgegenerationen leben in diesen keulenförmigen Blasengallen der Blattoberseite. Im Sommer wandern die geflügelten Nachkommen auf verschiedene Gräser ab (verlassene Gallen welken). Rückflug im Herbst an Ulme.

Familie Tannengallenläuse (Adelgidae)

Gelbe Fichtengallenlaus
(Sacchiphantes abietis)

• *Kennzeichen:* gelbliche bis schwärzliche Formen • *Größe:* bis 4 mm lang • *Lebensraum:* vor allem an Fichte und Lärche • *Lebensweise:* im Hochsommer platzen die Fichten-Gallen, die entwickelten geflügelten Formen gehen auf die Lärche über – dort saugen sie frei an den Nadeln

Auffällig sind die walnußgroßen Ananasgallen an Fichte, deren Triebe dabei oft deformiert werden.

Rote Fichtengallenlaus
(Adelges laricis)

Im Vergleich mit der vorgenannten Art sind die gelblichgrünen Gallen nur haselnußgroß und stehen an der Spitze; die Galle wird nicht durchwachsen. Es findet ein

Wirtswechsel auf die Lärche statt, wo eine Generation unter weißlicher Wachswolle überwintert. Auffällig ist, daß die Lärchennadeln durch das Saugen abgeknickt werden.

Familie Zierläuse (Callaphididae)

Buchenzierlaus
(Phyllaphis fagi)

• *Kennzeichen:* weißliche Kolonien – unregelmäßig • *Größe:* bis 3 mm lang • *Lebensraum:* vorrangig, aber nicht ausschließlich auf Rotbuche • *Lebensweise:* einjähriger Generationszyklus über verschiedene Stadien; Hauptentwicklung bis zum Sommer; die Eier überwintern

Die „weiße Wolle" wird im Frühjahr auf der Blattunterseite beobachtet; bei starkem Befall rollen sich die Blätter ein.

Unterordnung Schildläuse (Coccina)

Familie Napfschildläuse (Coccidae)

Weidenschildlaus
(Chionaspis salicis)

• *Kennzeichen:* längliche Schildchen; rote Häutungshüllen • *Größe:* bis 3 mm lang • *Lebensraum:* an Weide, Pappel, Esche und Ulme (auch an Heidelbeere) • *Lebensweise:* neben geflügelten sind ungeflügelte Formen zu beobachten; häufig sitzen die Tiere dicht gedrängt

Bei sehr starkem Befall führt die Saugtätigkeit zum Ablösen der Rinde und zur Blasenbildung; schließlich vertrocknet die Rinde (man spricht von Korkbildung).

Wollige Rebenschildlaus
(Pulvinaria vitis)

• *Kennzeichen:* halbeiförmig • *Größe:* 3 – 8 mm lang • *Lebensraum:* besonders auf Reben, aber auch an verschiedenen Bäumen (neben anderen *Pulvinaria*-Arten) • *Lebensweise:* die bräunlichen Weibchen überwintern;

Fortpflanzung parthenogenetisch, aber auch geschlechtlich

Unter dem Hinterleib des Weibchens tritt der weiße Eisack deutlich sichtbar hervor; die Männchen sind wesentlich kleiner.

Große Napfschildlaus
(Parthenolecanium corni)

• *Kennzeichen:* gelbbräunlich; glatt • *Größe:* bis 4 mm lang • *Lebensraum:* an sehr verschiedenen Baum- und Straucharten (Obst) • *Lebensweise:* die Weibchen produzieren bis zu 1 000 Eiern; die beweglichen zarten Junglarven überwintern

Eine der häufigsten Schildlausarten überhaupt. Nach dem Ablösen des Schildes wird das Weiß des ausgeschiedenen Wachses sichtbar.

Familie Wolläuse (Pseudococcidae)

Buchenwollaus
(Cryptococcus fagi)

• *Kennzeichen:* gelblich; weißlich bepelzt • *Größe:* 2 mm lang • *Lebensraum:* einzeln oder in großen Gruppen an Buche • *Lebensweise:* Fortpflanzung parthenogenetisch im einjährigen Zyklus; es überwintern Eier und Larven

Der Massenbefall wird kenntlich an größeren weißlich-filzigen Wachsüberzügen. Bei den manchmal auffälligen „roten Punkten“ handelt es sich um Räuber aus der Familie Scharlachmilben (Trombidiidae).

Ordnung Blasenfüße (Thysanoptera)

Familie Blasenfüße (Thripidae)

Lärchenblasenfuß
(Taeniothrips laricivorus)

• *Kennzeichen:* gefranste Flügel • *Größe:* um 1 mm lang • *Lebensraum:* Wälder; an Lärche und Fichte • *Lebensweise:* Imagines und Larven saugen an Nadeln und

Trieben; zwei Generationen im Jahr; das Weibchen überwintert; Eiablage im folgenden Frühjahr

Die Blasenfüße befallen vor allem den Wipfelbereich, weshalb es dort zu Wachstumsveränderungen und in der Folge zu Verbiegungen der Hauptäste kommt.

Ordnung Käfer (Coleoptera)

Familie Laufkäfer (Carabidae)

Goldschmied
(Carabus auratus)

• *Kennzeichen:* metallischer Glanz • *Größe:* bis 27 mm lang • *Lebensraum:* offenes Gelände, Waldränder • *Lebensweise:* ernährt sich von lebenden und toten Kleintieren; Käfer überdauert einen Winter

Den nach festgelegtem Programm ablaufenden Gang der Insekten kann man am besten bei diesen großen Laufkäfern studieren. Auf Grund ihres Gewichtes hinterlassen sie bisweilen erkennbare Spuren.

Familie Schnellkäfer (Elateridae)

Mausgrauer Schnellkäfer
(Adelocera murina)

• *Kennzeichen:* spitzovale Körperform • *Größe:* bis 17 mm lang • *Lebensraum:* vorrangig auf Wiesen • *Lebensweise:* wie bei den meisten Schnellkäferarten ernähren sich die Larven von Holz, aber auch von Früchten und Pilzen

Die Larven der Schnellkäfer, die sogenannten Drahtwürmer, fallen durch ihren glatten zylindrischen Körperbau auf.

Familie Blatthornkäfer (Scarabaeidae)

Rosenkäfer
(Cetonia aurata)

• *Kennzeichen:* glänzend grün; mit weißen, unterbrochenen Querstrichen • *Größe:* bis 20 mm lang

• *Lebensraum:* vor allem in Gärten und Parks • *Lebensweise:* Flugzeit von Mai bis August; ernährt sich von zarten Blütenteilen

Die Larven leben im morschen Holz alter Bäume und Stubben. Nach dreijähriger Entwicklung verpuppen sie sich dort (Puppenwiege).

Mistkäfer
(Geotrupes stercorarius)

• *Kennzeichen:* sieben Längsfurchen auf den Deckflügeln • *Größe:* 25 mm lang • *Lebensraum:* vorrangig Wälder, Waldränder und Wege • *Lebensweise:* Eiablage (September bis Oktober) unter frischem Tierkot; Schlupf der Larven im April; Verpuppung im Folgejahr

Unter einem Dunghaufen wird ein bis zu einem halben Meter tiefer Hauptstollen angelegt; in die abzweigenden Seitenstollen bringt das Weibchen Dungballen ein, die mit je einem Ei versehen werden.

Familie Blattkäfer (Chrysomelidae)

Lilienhähnchen
(Lilioceris lilii)

• *Kennzeichen:* zinnoberrot • *Größe:* bis 8 mm lang • *Lebensraum:* Gärten, Wiesen • *Lebensweise:* Eiablage ab April an den Blattunterseiten; rote Larven mit Kot bedeckt; zwei Generationen im Jahr

An den befallenen Blättern beobachtet man nicht nur Loch- und Randfraß, auch Skelettierung und Kahlfraß sind möglich.

Kartoffelkäfer
(Leptinotarsa decemlineata)

• *Kennzeichen:* fünf schwarze Streifen auf den Flügeldekken • *Größe:* bis 10 mm lang • *Lebensraum:* vorrangig an Kartoffel und Tomate • *Lebensweise:* der 1850 aus Amerika eingeschleppte Käfer durchläuft zwei, manchmal drei Generationen im Jahr; die Larven verpuppen sich im Boden – nach 2 Wochen Schlupf der Käfer

Die Käfer legen nach einem vierzehntägigen Reifefraß bis zu 80 Eier an der Blattunterseite ab. Die roten Larven schlüpfen nach 3 bis 12 Tagen.

Familie Bockkäfer (Cerambycidae)

Großer Pappelbock
(Saperda carcharias)

• *Kennzeichen:* glänzend schwarze Punkte auf den Flügeldecken • *Größe:* bis 30 mm lang • *Lebensraum:* vor allem an Korbweide • *Lebensweise:* Flugzeit von Mai bis August; Eiablage am Stamm alter Bäume; Schlupf der Larven im Frühjahr

Während die Käfer an Blättern fressen (Lochfraß), leben die Larven in den Weiden zwischen Bast und Splint (seltener in der Markröhre). Die Schlupflöcher der Käfer sind kreisrund mit zerfaserten Rändern.

Kleiner Pappelbock
(Saperda populnea)

• *Kennzeichen:* schwarz, gelbliche Haarflecken auf den Flügeldecken • *Größe:* um 13 mm lang • *Lebensraum:* an Weide und Pappel • *Lebensweise:* Flugzeit von Mai bis Juni; Eiablage in halbkreisförmige Einschnitte der Rinde

Nach der Eiablage entwickelt die Pflanze ein Wundgewebe (Callus), in dem anfangs die Larve lebt – später Längsgang in das Mark. An den Fraßstellen entstehen die gallenartigen Anschwellungen.

Familie Himbeerkäfer (Byturidae)

Himbeerkäfer
(Byturus tomentosus)

• *Kennzeichen:* seidig gelblich behaart • *Größe:* bis 5 mm lang • *Lebensraum:* besonders an Himbeere und Brombeere • *Lebensweise:* Flugzeit Mai bis Juni; Eiablage an unreifen Früchten; Verpuppung in einem Gespinst am Boden

Die Larven fressen in den Früchten (dort fälschlich als Himbeermaden bezeichnet), können aber auch durch Zerstörung von Blüten schädlich werden.

Familie Borkenkäfer (Scolytidae)

Großer Waldgärtner
(Blastophagus piniperda)

• *Kennzeichen:* glänzend, bräunlichschwarz • *Größe:* bis 5 mm lang • *Lebensraum:* an kranker Kiefer • *Lebensweise:* Flugzeit ab Juli; Fraß im Wipfelbereich an jungen Trieben, die dann leicht abfallen

Der große vertikale Muttergang folgt der Faser und wird an der dicken Borke des unteren Stammbereichs angelegt. Die seitlich verlaufenden Larvengänge enden tief in der Borke mit der Puppenwiege.

Kleiner Waldgärtner
(Blastophagus minor)

• *Kennzeichen:* Flügeldecken rötlichbraun • *Größe:* bis 4 mm lang • *Lebensraum:* an Kiefer • *Lebensweise:* Reifungsfraß in den dünnen Maitrieben (Zweigabfall ähnlich wie bei vorigen Art – „Absprünge“)

Der Muttergang zeigt die charakteristische Zweiarmigkeit. Im Gegensatz zum Großen Waldgärtner liegt er quer zur Faser und in höheren Stammbereichen.

Buchdrucker
(Ips typographus)

• *Kennzeichen:* braunschwarz; mit Glanz • *Größe:* bis 5 mm lang • *Lebensraum:* vor allem an Fichte, seltener an Kiefer und Lärche • *Lebensweise:* zwei Generationen im Jahr; Flugzeit von April bis Mai und von Juli bis August; zweimonatige Entwicklungszeit

Den Muttergang legt das Weibchen zwischen Rinde und Holz an. Die Larven fressen die abgehenden Seitengänge und verpuppen sich an deren Ende.

Kupferstecher
(Ips chalcographus)

• *Kennzeichen:* Flügeldecken kastanienbraun • *Größe:* um 2 mm lang • *Lebensraum:* an Fichte (seltener an anderen Nadelbäumen) • *Lebensweise:* zwei Generationen im Jahr; Flugzeit April und Juli bis August; tritt oft gemeinsam mit dem Buchdrucker auf

Die Larvengänge sind zahlreich und dicht; die Rammelkammer liegt meist tief und bleibt deshalb unsichtbar.

Kleiner Kiefernborkenkäfer
(Ips bidentatus)

• *Kennzeichen:* langer Zahn am Flügeldeckenabsturz • *Größe:* bis 2,8 mm lang • *Lebensraum:* Nadelbäume, hauptsächlich an Kiefer • *Lebensweise:* Flugzeit Mai bis Juni (manchmal eine spätere zweite Flugzeit, wenn sich bei günstigen Bedingungen eine zweite Generationen entwickelt)

Der Sterngang ist drei- bis siebenarmig; Larvengänge zum Teil sehr unregelmäßig. Die Verpuppung geschieht im Splint.

Großer Ulmensplintkäfer
(Scolytus scolytus)

• *Kennzeichen:* schwarz; Flügeldecken braun • *Größe:* bis 5,5 mm lang • *Lebensraum:* fast ausschließlich an Ulme • *Lebensweise:* Flugzeit ab Mai; Reifungsfraß der Käfer vor allem im Gipfelbereich

Der Muttergang ist etwa 4 cm lang. Von ihm gehen die Larvengänge ab, deren Abstände untereinander mit der Entfernung vom Muttergang beträchtlich zunehmen können.

Obstbaumsplintkäfer
(Scolytus mali)

• *Kennzeichen:* schwarz bis dunkelbraun; mit Punktstreifen • *Größe:* 3 – 4 mm lang • *Lebensraum:* an verschiedenen Obstbäumen und Wein • *Lebensweise:* zwei Generationen im Jahr; Flugzeit von Mai bis Juni und von August bis September; Reifungsfraß vor allem in Blattachseln

Vom senkrechten Muttergang in Rinde und Holz führen die Larvengänge (manchmal in großer Zahl) seitwärts bzw. nach oben und unten.

Eichensplintkäfer
(Scolytus intricatus)

• *Kennzeichen:* angedeutete Punktstreifen • *Größe:* um 3 mm lang • *Lebensraum:* besonders an Eiche (auch andere Laubbäume) • *Lebensweise:* Käfer fressen vor allem an jungen Trieben kränkelnder Bäume; ein oder zwei Generationen im Jahr

Der quer verlaufende Muttergang ist extrem kurz, im Gegensatz dazu sind die Larvengänge lang und greifen in den Splint ein.

Birkensplintkäfer
(Scolytus ratzeburgi)

• *Kennzeichen:* glänzend schwarz • *Größe:* 5 – 6 mm lang • *Lebensraum:* nur an Birke • *Lebensweise:* eine Generation im Jahr; Flugzeit von Juni bis Juli

Der vom Weibchen angelegte Muttergang unter der Rinde ist etwa 10 cm lang; die strahlenförmig auseinanderlaufenden Larvengänge erwecken den Eindruck von Regelmäßigkeit. Die Jungkäfer verlassen den Baum durch große Schlupflöcher.

Kleiner Fichtenbastkäfer
(Polygraphus polygraphus)

• *Kennzeichen:* Flügeldecken bräunlich; Augen geteilt • *Größe:* um 3 mm lang • *Lebensraum:* besonders an Fichte, seltener Kiefer • *Lebensweise:* meist zwei Generationen der Käfer im Jahr: Juli bis August und September bis Oktober

Mutter- und Larvengänge werden in verschieden tiefen Schichten angelegt, wodurch ein unklares, verworrenes Fraßbild entsteht.

Familie Pochkäfer (Anobiidae)

Gemeiner Pochkäfer
(Anobium punctatum)

• *Kennzeichen:* schwarzbraun; seidig behaart • *Größe:* 3 – 4 mm lang • *Lebensraum:* an natürlichem und verbautem Holz • *Lebensweise:* Larve – „Holzwurm" – und Käfer fressen in schmalen Gängen, wobei das Schlagen des Käfers mit dem Halsschild feine Geräusche verursacht (Totenuhr).

Die kreisrunden Ausflugslöcher für die erwachsenen Käfer sind von außen deutlich sichtbar. Sie haben einen Durchmesser von etwa 1,5 mm.

Familie Rüsselkäfer (Curculionidae)

Eichelbohrer
(Curculio glandium)

• *Kennzeichen:* dunkelbraun mit helleren Binden • *Größe:* 5 – 8 mm lang • *Lebensraum:* an Haselnuß und Eiche • *Lebensweise:* im Mai/Juni bohrt das Weibchen die Jungfrüchte an und legt dort je ein Ei ab – Larvenfraß in der Frucht – nach dem Verlassen Verpuppung am Boden

Bei den deutlich sichtbaren Löchern an den Früchten handelt es sich um das Ausbohrloch der Larven. Die Einbohrlöcher des Käfers vernarben rasch und sind später kaum noch sichtbar.

Kirschkernbohrer
(Curculio cerasorum)

• *Kennzeichen:* braun bis rotbraun • *Größe:* 3 – 4 mm lang • *Lebensraum:* an Kirsche • *Lebensweise:* ähnlich der vorigen Art; Larven fressen in Kirschkernen

Man beobachtet ähnliche Ausschlupflöcher von weiteren *Curculio*-Arten, insbesondere an Eicheln und Haselnüssen (z.B. vom Haselnußbohrer *Curculio nucum*).

Kornkäfer
(Calandra granaria)

• *Kennzeichen:* braun bis schwarz • *Größe:* bis 5 mm lang • *Lebensraum:* an Getreide • *Lebensweise:* Käfer fressen Getreidekörner; Weibchen legt in ein Korn ein Ei – dort Larvenfraß und Verpuppung

Die Körner werden angenagt oder auch (von der weißen madenartigen Larve) völlig ausgehöhlt. Vergleichbare Fraßbilder erzeugt auch der Reiskäfer (*Calandra oryzae*).

Dickmaulrüßler
(Otiorrhynchus clavipes)

• *Kennzeichen:* schwarz; Beine rot • *Größe:* um 10 mm lang • *Lebensraum:* vor allem an Kartoffel und Gartenampfer • *Lebensweise:* Eiablage von Juli bis August; die Larve überwintert zweimal – danach Verpuppung im Herbst

Die auffälligen Fraßschäden an Blättern werden von den Imagines verursacht.

Haselblattroller
(Apoderus coryli)

• *Kennzeichen:* schwarz; Flügeldecken rot • *Größe:* 6 – 8 mm lang • *Lebensraum:* an Haselnuß • *Lebensweise:* Eiablage von Mai bis Juni (1 bis 4 Eier pro Blattrolle) – Entwicklung bis zur Puppe in der Battrolle; Jungkäfer Juli bis August

Der Käfer schneidet das Blatt nahe der Mittelrippe zu und bereitet so die Einrollung vor. Die fertige Blattrolle dient der ersten Generation als Überwinterungsquartier.

Birkenblattroller
(Deporaus betulae)

• *Kennzeichen:* bläulichschwarz • *Größe:* bis 4 mm lang • *Lebensraum:* vor allem an Birke • *Lebensweise:* Eiablage (April bis Mai) im Blatttrichter – meist 2 bis 5 Eier; im Juli/August verlassen die Larven die Wickel und verpuppen sich im Herbst am Boden; Schlupf der Käfer im Frühjahr

Zur Herstellung des Blattwickels legt das Weibchen zwei komplizierte (genetisch fest verankerte) Schnittfiguren in S-Form an. Die Beine rollen dann das Blatt ein. Die Herstellung eines Blattwickels dauert etwa eine Stunde.

Pappelblattroller
(Rhynchites populi)

• *Kennzeichen:* oft mit rötlichem Goldglanz • *Größe:* um 5 mm lang • *Lebensraum:* vornehmlich an Zitterpappel • *Lebensweise:* ähnlich der vorigen Art, wobei je ein Wikkel nur mit einem Ei versehen wird

Weibchen und Männchen legen den Blattwickel manchmal gemeinsam an. Sie rollen mit den Vorderbeinen wechselseitig von beiden Blattseiten.

Eichenblattroller
(Attelabus curculionoides)

• *Kennzeichen:* rot – Kopf und Beine schwarz • *Größe:* 4 – 6 mm lang • *Lebensraum:* bevorzugt Eiche • *Lebensweise:* ähnlich der vorvorigen Art, Generationszyklus aber zeitlich gedehnt

Die Art hat ihre eigene Rollmethode, wobei die geraden Schnittlinien auffallen, die die Mittelrippe deutlich aussparen.

Ordnung Netzflügler (Planipennia)

Familie Florfliegen (Chrysopidae)

Florfliege
(Chrysopa spec.)

• *Kennzeichen:* große glashelle Flügel; auffällig glänzende Augen (Goldauge) • *Größe:* bis 15 mm lang • *Lebensraum:* auf Pflanzen und in Gebäuden • *Lebensweise:* dämmerungs- und nachtaktiv; Larven und Imagines ernähren sich von kleinen Insekten (vorrangig von Blattläusen)

Charakteristisch für diese Netzflügler sind die gestielten Eier, die an Blätter angeheftet werden.

Familie Ameisenjungfern (Myrmeleonidae)

Ameisenlöwe
(Myrmeleon formicarius)

• *Kennzeichen:* libellenartig; Keulenfühler • *Größe:* bis 85 mm lang • *Lebensraum:* Nadelwälder • *Lebensweise:* tagsüber unbeweglich und versteckt; ernährt sich von kleinen Insekten; Hauptflugzeit Juli bis August

Auffällig sind die wenige Zentimeter großen Sandtrichter, an deren Grund die Larven auf Beute lauern. Vor allem Ameisen rutschen am Trichterrand herab und werden vom Ameisenlöwen mit Sand beworfen.

Ordnung Hautflügler (Hymenoptera)

Familie Blattwespen (Tenthredinidae)

Rutenweidengallwespe
(Pontania viminalis)

• *Kennzeichen:* meist schwarz • *Größe:* bis 7 mm lang • *Lebensraum:* an Weide • *Lebensweise:* man beobachtet eine fast ausschließlich parthenogenetische Vermehrung – Geschlechtstiere sind ausgesprochen selten; die Tiere fliegen von Mai bis Juni

Die Gallen finden sich an der Blattunterseite; die Farbe wechselt zwischen Gelb und Grün mit roten Anteilen.

Nach dem Larvenfraß wird die Galle dünn wie Pergament.

Stielweidengallwespe
(Pontania pedunculi)

Die ebenfalls an der Blattunterseite befindlichen Gallen unterscheiden sich farblich kaum von denen der vorgenannten Art. Sie sind aber oft miteinander verschmolzen und nicht selten behaart.

Weidenwulstgallwespe
(Pontania proxima)

Die meist rötlich überlaufenen Gallen sind bis zu 5 mm breit und bis zu 10 lang. Nicht selten ordnen sie sich rechts und links des Mittelnervs paarig an. Diese Blattgallwespe bevorzugt die äußeren Bereiche der Weiden.

Weidenblattgallwespe
(Pontania bridgmanii)

Man beobachtet die bis zu 10 mm langen Gallen von Juni bis Oktober an verschiedenen Weiden. Die Art bringt zwei oder mehr Generationen im Jahr hervor.

Familie Gespinstblattwespen (Pamphiliidae)

Kieferngespinstblattwespe
(Acantholyda hieroglyphica)

• *Kennzeichen:* Mitte des Hinterleibs gelb • *Größe:* bis 17 mm lang • *Lebensraum:* an Kiefern, insbesondere an *Pinus nigra* • *Lebensweise:* Eiablage an den Maitrieben von Jungkiefern; Larvenfraß bis Anfang August – danach Übergang in den Boden

Die Larven leben in den charakteristischen Gespinstsäcken, die stark mit Kot angefüllt sind.

Familie Brackwespen (Braconidae)

Weißlingstöter
(Apanteles glomeratus)

• *Kennzeichen:* unauffällig • *Größe:* 2 – 3 mm lang • *Lebensweise:* die Weibchen stechen frisch geschlüpfte Eiräupchen des Kohlweißlings (und verwandter Arten) an und legen in einer Raupe bis zu 150 Eier ab; nach dem Verlassen des Wirtes Verpuppung in Kokons

Auffällig sind lediglich die genannten gelblichen Kokons, die fälschlich als „Raupeneier" bezeichnet werden.

Familie Gallwespen (Cynipidae)

Gallwespen sind kleine bis winzige (5 bis 2 mm), unscheinbar gefärbte Insekten, die oft keine Flügel tragen. Ein auffälliges Merkmal ist der seitlich gepreßte Hinterleib. Charakteristisch sind auch die gestielten Eier, die durch einen einziehbaren Legebohrer an die Pflanze gebracht werden. In Mitteleuropa unterscheidet man fast 150 Gallwespenarten. Ihre Bestimmung nach der Pflanzengalle erweist sich als wesentlich einfacher als die direkte Identifizierung des Insekts. Die wichtigsten Wirtspflanzen sind Eiche und Rose; einige Arten erzeugen keine Gallen, sondern leben als Einmieter.

Gemeine Rosengallwespe
(Diplolepis rosae)

In den Gallen entwickeln sich die Weibchen, die bis zum Mai des Folgejahres schlüpfen. Die Fortpflanzung verläuft fast ausschließlich parthenogenetisch – Männchen der Art werden nur ausnahmsweise beobachtet. Die sogenannten „Rosen- oder Schlafäpfel" können bis zu faustgroß werden und verholzen. Sie sind meist mehrkammrig. In jeder Kammer lebt eine Larve.

Wildrosenblattgallwespe
(Diplolepis eglanteriae)

Die Gallen dieser Art erscheinen im Juni. Sie finden sich häufig an der Blattunterseite verschiedener Wildrosenarten. Die Galle ist meist glatt, einkammrig und bis zu 8 mm groß.

Dornenblattgallwespe
(Diplolepis spinosissimae)

Die Gallen variieren in Form und Größe; meist sind sie grünlich bis gelbgrün und bis 5 mm groß. Man findet sie in allen Bereichen des Blattes, aber auch an anderen Pflanzenteilen.

Morgensterngallwespe
(Diplolepis rosarum)

Durch die derben Stacheln erinnern die bis 6 mm großen Gallen in der Tat etwas an die Schlagwaffe des Mittelalters; die Gallen sind einkammrig und manchmal rötlich gefleckt oder überlaufen. Sie erscheinen im Juli und fallen nach der Reife ab.

Große Linsengallwespe
(Neuroterus quercusbaccarum)

Aus den im Herbst abfallenden Gallen schlüpfen im März die Gallwespen. Erst die dritte Generation bringt an Blättern und Kätzchen die „Weinbeergallen“ hervor, aus denen Männchen und Weibchen schlüpfen. Die linsenförmigen Gallen sitzen dem Blatt (Unterseite) mit ganzer Fläche auf. Sie sind bis 6 mm breit, 2 mm hoch und häufig mit bräunlichen Haaren besetzt.

Seidenknopfgallwespe
(Neuroterus numismalis)

Die bis 3 mm breiten und bis 2,5 mm hohen „Seidenknöpfe“ erhalten ihren Glanz durch eng anliegende seidige Haare; die Gallenkammer ist mit einer Art Schutzschicht versehen.

Kohlrabigallwespe
(Andricus inflator)

Die Gallen sind rundlich bis oval und etwa 20 mm lang. Sie reifen im Juni, und nach kurzer Zeit bereits schlüpfen die Wespen. Eine Weibchengeneration entwickelt sich in speziellen kugligen Knospengallen.

Eichenrosengallwespe
(Andricus fecundator)

Die äußerlichen, bräunlichen Schuppen schließen eine spitzeiförmige, einkammrige Galle ein: die „Eichenrose". Die sehr seltene Geschlechtsgeneration entwickelt sich in eigenen Blütengallen.

Eichenknopperngallwespe
(Andricus quercuscalicis)

Die Gallen sind anfangs grünlich, später bräunlich und können bis 25 mm groß werden. Sie entstehen aus Eichel und Becherwand. Die einkammrige Innengalle wird bis zu 5 mm lang.

Ungarische Gallwespe
(Andricus hungaricus)

Die kugligen „Großen ungarischen Gallen" können bis zu 40 mm im Durchmesser erreichen. Sie sind innen braun und schwammig. Die Innengalle ist sehr klein und dünnwandig.

Stachelgallwespe
(Andricus coriarius)

Die Stachelgallen sind recht auffällig; man beobachtet sie an den Zweigen mehrerer Eichenarten. Sie werden bis 20 mm breit und wirken ledrig hart. Die mehrkammrige Galle reift im Herbst und entläßt die Imagines im Winter.

Schwammkugelgallwespe
(Andricus kollari)

Die Gallen sind kugelrund, fast immer glatt und bis zu 30 mm groß. Ihre Farbe wechselt von anfänglichem Grün bis hin zum Braun. Sehr häufig beobachtet man eine Gruppe von zwei bis drei Schwammkugelgallen, seltener stehen sie einzeln.

Gemeine Eichengallwespe
(Cynips quercusfolii)

Die gewöhnlichen „Eichengalläpfel" werden bis zu 25 mm groß. Sie reifen im September und entlassen die Gallwespen zwischen November und Februar. Eine andere Generation bringt an der Rinde die rot-violetten Samtgallen hervor. Aus ihnen schlüpfen im Mai männliche und weibliche Gallwespen.

Glanzgallwespe
(Cynips divisa)

Die 4 bis 6 mm hohen und später bräunlich glänzenden Gallen werden ab Juni beobachtet und fallen im Herbst mit den Blättern ab. Die Gallwespe erscheint ab Oktober (Weibchengeneration in eigenen Blattrandgallen).

Ziergallwespe
(Cynips longiventris)

Diese vielleicht schönsten europäischen Gallen überhaupt beobachtet man ab Juni/Juli. Sie entlassen die Gallwespen oft schon im Oktober. Die Larven der nächsten – zweigeschlechtlichen – Generation entwickeln sich in grünlichen Gallen an älteren Eichenstämmen.

Ahornblattgallwespe
(Pediaspis aceris)

Die einkammrigen, dünnwandigen Gallen sind etwa 7 mm groß und befinden sich meist auf der Blattunterseite. Die Gallwespe selbst wird am häufigsten im Juli beobachtet.

Eichenschwammgallwespe
(Biorhiza pallida)

Die apfelähnlichen Gallen sind mehrkammrig und können bis zu 40 mm groß werden. Männchen und Weibchen erscheinen im Juni; die Weibchen (häufig flügellos) dringen bis in tiefe Wurzelbereiche der Eiche vor – es entstehen die „Kartoffelgallen". Aus ihnen entwickelt sich die ungeschlechtliche Weibchengeneration.

Familie Stielgallwespen (Aulacidae)

Habichtskrautgallwespe
(Aulacidea hieracii)

Die 4 cm langen Gallen sind rundlich bis tonnenförmig und variieren von Grün bis Braun. In jeder Kammer lebt eine gelblichweiße Larve. Die Gallen überwintern; die Wespen erscheinen im Frühjahr.

Familie Ameisen (Formicidae)

Gelbe Wiesenameise
(Lasius flavus)

• *Kennzeichen:* Männchen mehr schwärzlich, Weibchen mehr braun • *Größe:* Männchen bis 4 mm, Weibchen bis 9 mm lang • *Lebensraum:* feuchte Standorte, Wiesen, unter Steinen • *Lebensweise:* interessante Symbiose mit Wurzelläusen, die regelrecht gezüchtet werden

Die Erdnester werden um einen Grasbüschel herum errichtet. Die Gänge und Öffnungen führen ausschließlich ins Erdreich. Das Nest reicht bis 40 cm in die Tiefe.

Glänzendschwarze Ameise
(Lasius fuliginosus)

• *Kennzeichen:* spezifischer Geruch • *Größe:* Männchen bis 5 mm, Weibchen bis 8 mm lang • *Lebensraum:* Wälder und Parks • *Lebensweise:* von den Nestern führen Duftstraßen zu Blattlauskolonien (Honigtau) – daneben räuberische Ernährungsweise

Die kunstvollen Kartonnester werden in hohlen Bäumen und in alten Stubben errichtet. Baumaterial sind Erde und zerkautes Holz. Man unterscheidet Sommer- und tieferliegende Winternester.

Schwarze Wegameise

(Lasius niger)

• *Kennzeichen:* eine unserer häufigsten Wegameisen • *Größe:* Männchen bis 5 mm, Weibchen bis 10 mm lang • *Lebensraum:* anpassungsfähig an verschiedenste Biotope • *Lebensweise:* sehr enge Symbiose mit Blattläusen, die auf das „Melken" nachgerade angewiesen zu sein scheinen; auffällige Hochzeitsschwärme von Juli bis September

Die Nester finden sich an sehr verschiedenen Orten; häufig werden Lehm, Sand und zerkautes Holz verbaut. Nach außen führen viele Öffnungen und kleine Tunnelstraßen.

Rote Waldameise

(Formica rufa)

• *Kennzeichen:* Oberseite rötlich (von *F. polyctena* kaum zu unterscheiden) • *Größe:* Männchen bis 11 mm, Weibchen bis 12 mm lang • *Lebensraum:* schattige Standorte, vor allem Nadelwälder • *Lebensweise:* große Völker mit bis zu 800 000 Einzeltieren, meist mit einer Königin; ernährt sich von Gliederfüßern und Honigtau

Der bekannte große Ameisenhaufen bildet nur den oberirdischen Teil des Nestes. Das eigentliche Nest reicht tief in die Erde. Der Umfang kann mehrere Meter betragen.

Familie Soziale Faltenwespen (Vespidae)

Hornisse

(Vespa crabro)

• *Kennzeichen:* typische Hinterleibszeichnung • *Größe:* Männchen bis 23 mm, Weibchen bis 35 mm lang • *Lebensraum:* in verschiedensten offenen Biotopen • *Lebensweise:* nach der Überwinterung Flug der Königin von April bis Juli; Männchen ab September/Oktober; im

Hochsommer zählt ein Volk bis 4 000 Einzeltiere; Ernährung durch Säfte und Jagd auf Insekten

Die stockwerkartigen (älteste Wabe oben) Nester werden gern in hohlen Bäumen, aber auch im Dachgestühl errichtet. Der Durchmesser variiert je nach den Hohlräumen stark; er kann über 50 cm betragen.

Gemeine Wespe
(Paravespula vulgaris)

• *Kennzeichen:* schwarzes Zackenband auf dem Kopfschild • *Größe:* Männchen bis 17 mm, Weibchen bis 19 mm lang • *Lebensraum:* bevorzugt an Wald- und Parkrändern • *Lebensweise:* Flug der Königin ab Mai, Männchen ab September/Oktober; in einem Volk meist mehr als 10 000 Einzeltiere

Die Nester werden immer unterirdisch angelegt, oft hängen sie frei an einer Wurzel. Sie enthalten meist 8 bis 10 Waben. Der Durchmesser liegt bei 20 cm.

Sächsische Wespe
(Dolichovespula saxonica)

• *Kennzeichen:* Kopfschild mit schwarzem Fleck • *Größe:* reichlich 10 mm lang • *Lebensraum:* häufig in Gebäuden (Dachböden) – vor allem im Hügelland • *Lebensweise:* Königin gründet das Nest an unzugänglichen, aber nicht zu dunklen Plätzen; sonst ähnlich der vorigen Art

Das Nest (etwa 13 cm groß) ist aschgrau und kugel- bis birnenförmig. Die Einflugöffnung befindet sich immer an der Unterseite.

Gallische Wespe
(Polistes gallicus)

• *Kennzeichen:* erstes Hinterleibssegment keilförmig • *Größe:* bis 16 mm lang • *Lebensraum:* bevorzugt in der Ebene • *Lebensweise:* meist gründen mehrere Weibchen das Nest – häufig in verschiedenen Höhlungen; Weibchen ab April/Mai, Männchen ab August/September

Das Nest ist hüllenlos und besteht im Regelfall aus nur einer Wabe. Man zählt bis zu 300 Zellen.

Familie Lehmwespen (Eumenidae)

Lehmwespe
(Oplomerus spinipes)

• *Kennzeichen:* schwarz, mit deutlichen gelben Querstreifen auf dem Hinterleib • *Größe:* bis 13 mm lang • *Lebensraum:* in lehm- und lößreichen Gebieten • *Lebensweise:* räuberisch, vergleichbar mit manchen Grabwespen; bevorzugte Beute und Larvennahrung sind bestimmte Rüsselkäferlarven

Die Nester (manchmal mehrere in Gesellschaft) werden gern in Lehmwänden angelegt. Charakteristisch ist der röhrenartige, später bröckelnde Nesteingang.

Pillenwespe
(Eumenes coarctata)

• *Kennzeichen:* kuglige Brust; schwarz-gelbe Zeichnung • *Größe:* bis 14 mm lang • *Lebensraum:* häufig an Doldengewächsen • *Lebensweise:* als Larvennahrung werden Spannerraupen eingetragen und daran ein Ei abgelegt

Die aus Lehm gebauten hübschen Nester haben die Größe einer Haselnuß. Sie sind einzellig und werden an verschiedene Pflanzen und Gegenstände angeheftet.

Familie Wegwespen (Pompilidae)

Tönnchenwegwespe
(Auplopus carbonarius)

• *Kennzeichen:* erstes Segment des Hinterleibs sehr dünn • *Größe:* um 10 mm lang • *Lebensraum:* an Doldengewächsen, aber auch an *Rubus*-Arten und anderen Pflanzen • *Lebensweise:* wärmeliebend; mit geringem Flugvermögen; wie bei allen Wegwespen besteht die Larvennahrung aus gelähmten Spinnen

Die Wespe befestigt die Mörtelnester – meist werden 5 bis 6 aneinander geklebt – an allen nur denkbaren Gegenständen (sogar an Gallen). Gemauert wird mit Hilfe des Hinterleibs.

Familie Grabwespen (Sphecidae)

Knotenwespe
(Cerceris arenaria)

• *Kennzeichen:* deutliche Einschnürung des Hinterleibs • *Größe:* bis 16 mm lang • *Lebensraum:* warmes, sandiges Gelände • *Lebensweise:* trägt als Nahrung für die Larven Rüsselkäfer (häufig schädliche Arten) ein

Die kleinen Nestkolonien beobachtet man am häufigsten in der Nähe von Kiefernschonungen (Boden).

Töpferwespe
(Trypoxylon figulus)

• *Kennzeichen:* Nierenaugen • *Größe:* 5 – 12 mm lang • *Lebensraum:* offenes Gelände; mit Holz und Pflanzen • *Lebensweise:* Nestbau in Pflanzenstengeln oder Holz; Versorgung des Nachwuchses mit Spinnen

Die Nestkammern werden unter Verwendung von Lehm errichtet. Bevorzugte Objekte sind Schilf und Brombeerstengel neben Balken und Baumstämmen.

Familie Sandbienen (Andrenidae)

Sandbiene
(Andrena spec.)

• *Kennzeichen:* gelblichgrau; Sammelhaare an den Hinterbeinen der Weibchen • *Größe:* bis 15 mm lang • *Lebensraum:* sandige, sonnige Hänge und Hügel • *Lebensweise:* Eiablage an die eingetragenen Futterballen aus Blütenstaub und Nektar; Brut in Kolonien

Die Brutröhren führen etwa 30 cm abwärts und werden meist schräg angelegt. Nicht selten verzweigen sie sich.

Familie Echte Bienen (Apidae)

Blattschneiderbiene
(Megachile centuncularis)

• *Kennzeichen:* dunkel; dünngelblich behaart • *Größe:* bis 12 mm lang • *Lebensraum:* häufig an Rose, Distel und Flockenblume • *Lebensweise:* Anlage von Brutkammern durch das Weibchen; Versorgung des Nachwuchses mit Blütenstoffen

Die Blattschneiderbiene schneidet zur Anlage der Nestkammern vor allem Blattstücke aus Rosen. Bevorzugte Nistplätze sind Pflanzenstengel, aber auch Holzbalken u.ä.

Zweifarbige Mauerbiene
(Osmia bicolor)

• *Kennzeichen:* Kopf schwarz behaart • *Größe:* bis 10 mm lang • *Lebensraum:* an früh blühenden Pflanzen • *Lebensweise:* Flugzeit März bis Juni

Das Nest wird in leeren Schneckenhäusern angelegt; es besteht meist aus 3 bis 4 Zellen, die jeweils mit einem Ei und einem Nahrungsballen aus Pollen und Nektar versehen werden. Andere *Osmia*-Arten nutzen vergleichbare Hohlräume (z.B. Pflanzenstengel) zum Anlegen des Nestes.

Holzbiene
(Xylocopa violacea)

• *Kennzeichen:* größte Solitärbiene; plump, hummelähnlich • *Größe:* bis 23 mm lang • *Lebensraum:* vor allem in warmen, steppenartigen Landschaften • *Lebensweise:* Flugzeit Mai bis August; die Imagines überwintern (vor allem in Hohlräumen von alten Bäumen)

Die röhrenförmigen Nistgänge können bis 30 cm lang sein und jeweils aus etwa 10 hintereinander liegenden Nestzellen bestehen. Sie werden vorrangig in morschem Holz angelegt. Jede Zelle besteht aus einem Ei, dem Pollen und einem Deckel.

Pelzbiene
(Anthophora parietina)

• *Kennzeichen:* dicht behaart; hummelähnlich • *Größe:* bis 15 mm lang • *Lebensraum:* Hänge und Hügel, wärmeliebend • *Lebensweise:* Brutzellen werden vom Weibchen mit Pollen und Ei versehen; Imagines sind Blütenbesucher (z.B. an Ochsenzunge)

Die Art nistet meist in großen Kolonien. Auffällig sind die abwärts gebogenen Lehmzapfen, die aus den Neströhren heraushängen. Ein Gang besteht immer aus mehreren Nestkammern.

Erdhummel
(Bombus terrestris)

• *Kennzeichen:* schwarz, mit gelber Vorderbrust • *Größe:* bis 22 mm lang • *Lebensraum:* überall auf Wiesen, Feldern und Gärten • *Lebensweise:* Weibchen ab April (an Weide), Männchen ab August (an Distel); bis zu 100 Individuen in einem Nest

Gern werden die Wabennester in den verlassenen Nestern von Mäusen und Maulwürfen angelegt (bis 1,5 m tief). Das Nest ist dadurch mit Gras, Moos und Laub gepolstert.

Ordnung Zweiflügler (Diptera)

Familie Gallmücken (Cecidomyiidae)

In dieser Familie finden sich die häufigsten Gallen-Erreger Mitteleuropas, wenngleich es auch Arten gibt, die bereits bestehende Gallen als Einmieter nutzen oder frei leben (z.B. im Mulm). Die meisten Vertreter sind sehr klein (1 bis 4 mm) und durch eine Augenbrücke gekennzeichnet. Charakteristisch für die weißlichgelben Larven sind die Brustgräten und eine unebene Cuticula. Die Imagines leben nur wenige Tage; ihr zartgliedriger Körper (insbesondere Füße und Fühler) ist sehr fragil.

Weidenholzgallmücke
(Rhabdophaga saliciperda)

Die Mücken erscheinen meist im Mai/Juni. Nicht selten legen sie ihre Eier direkt neben bereits vorhandenen Gallen ab. Die Gallenanlage ist also meist mehrjährig und wird ständig vergrößert. Die Galle wird gern vom Kleinspecht aufgehackt.

Weidenrosengallmücke
(Rhabdophaga rosaria)

Die Gallen beobachtet man ab Juni/Juli. Ihr Aussehen variiert je nach befallener Weidenart erheblich. Sie vertrocknen im Herbst und bleiben den Winter über bestehen (nach Laubfall gut sichtbar). Die Imagines schlüpfen im Frühjahr des Folgejahres.

Knorpelgallmücke
(Iteomyia major)

Die Art bevorzugt bestimmte breitblättrige *Salix*-Arten. Die Gallen beobachtet man in der zweiten Jahreshälfte. An ihrer Unterseite liegt eine winzige Öffnung. Die Färbung variiert von Grünlich bis Rötlich.

Lärchenknospengallmücke
(Dasyneura laricis)

Die Gallen sind meist erbsengroß und fallen besonders im Frühjahr durch ihre bräunliche Färbung ins Auge. Später sind sie manchmal mit weißlichem Harz überzogen. In der Galle lebt die rötliche Larve.

Lindengallmücke
(Didymomyia reaumuriana)

Die Gallen können bis 8 mm breit werden und farbig gerandet sein. Im Sommer isoliert sich eine Innengalle, die am Boden überwintert. Die Mücke schlüpft im Frühjahr, wobei sich die Galle deckelartig öffnet.

Brombeergallmücke
(Lasioptera rubi)

Die 10 bis 20 mm langen Gallen erscheinen ab Juni/Juli. Später verholzen sie und werden rissig. Die Mücke schlüpft aus der überwinternden Galle erst ab Mai des Folgejahres.

Buchengallmücke
(Mikiola fagi)

Die oft sehr häufigen Gallen finden sich meist in der Nähe der Mittelnerven. Die Farbe wechselt von Grün bis Rötlich. Die Larven fallen mit dem oberen Teil der Gallen zu Boden und verpuppen sich dort.

Buchenblattgallmücke
(Hartigiola annulipes)

Die bis zu 4 mm großen Gallen erscheinen ab Juli. Ihre Farbe wechselt von Grünlich bis Braun; auch die Behaarung variiert. Die Gallen lösen sich im Herbst vor dem natürlichen Laubfall vom Blatt.

Rosenblattgallmücke
(Wachtliella rosarum)

Die Mücke befällt fast ausschließlich Wildrosenarten. Man beobachtet zwei bis drei Generationen im Jahr. Die Gallen erscheinen von Mai bis September; manchmal sind sie rötlich verfärbt.

Pappelblattgallmücke
(Harmandia loewi)

Die 4 bis 5 mm großen Kugelgallen sind meist schön dunkelrot gefärbt und einkammrig. Man beobachtet sie ab Juni. Im August bereits verläßt die orangerote Larve die Galle. Ähnliche Gallen an Pappel werden von anderen *Harmandia*-Arten hervorgerufen.

Hessenmücke
(Mayetiola destructor)

Je nach Witterung entwickeln sich mehrere Generationen. Die Mücke erscheint ab April, und die erste Generation befällt das schossende Getreide. Die Sommergeneration geht oft auf Quecken über. Nach einer Ruhephase (Scheinpuppe) im Winter kommt es zu Verpuppung und Schlupf des Vollinsekts.

Wolfsmilchgallmücke
(Bayeria capitigena)

Die Gallen erinnern durch ihre Form und Farbe an Blüten. Meist leben drei Generationen von Larven zwischen den Gallenblättern. Die Wintergeneration verpuppt sich am Boden und bringt die Imagines im Frühjahr des Folgejahres hervor.

Familie Schmeißfliegen (Calliphoridae)

Krötengoldfliege
(Lucilia bufonivora)

• *Kennzeichen:* goldgrün glänzend • *Größe:* um 10 mm lang • *Lebensraum:* überall in der Nähe von Wirbeltieren • *Lebensweise:* Eiablage in den Nasenöffnungen von Kröten, von wo aus sich die Larven durch den Körper fressen; Verpuppung und Schlupf in der Kröte

Die Kröten sind dem Totalfraß der Maden wehrlos ausgesetzt. Sie werden bei lebendigem Leibe verzehrt und sterben erst nach Verlust wichtiger Organe.

Familie Nacktfliegen (Psilidae)

Möhrenfliege
(Psila rosae)

• *Kennzeichen:* schwärzlich; Vorderkörper rötlich • *Größe:* um 5 mm lang • *Lebensraum:* Wiesen, Felder • *Lebensweise:* Flugzeit Mai bis Juli und August bis September; Eiablage meist an Möhren Ende Mai; Verpuppung nach einmonatigem Larvenfraß

Die gelblichen Maden dringen von den Seitenwurzeln her in die Hauptwurzeln ein und fressen dort die bekannten bräunlichen Gänge. Man spricht von Eisenmadigkeit.

Familie Dungfliegen (Scatophagidae)

Teichrosenminierfliege
(Hydromyza livens)

• *Kennzeichen:* vorstehende Augen • *Größe:* um 8 mm lang • *Lebensraum:* in der Nähe von Gewässern • *Lebensweise:* Eiablage durch das Weibchen an der Gelben Seerose und an der Sumpfdotterblume; Verpuppung der minierenden Larve am Blattstiel – die Puppe überwintert; meist zwei Generationen

Das charakteristische Minenbild entsteht dadurch, daß die Made zunächst zum Blattrand hin frißt, um sich dann gegen den Blattstielansatz zu wenden. Im Seerosenblatt minieren auch Larven weiterer Insekten (u.a. Vertreter dieser Familie).

Familie Halmfliegen (Chloropidae)

Zigarrenfliege
(Lipara lucens)

• *Kennzeichen:* unscheinbar schwärzlich • *Größe:* um 7 mm lang • *Lebensraum:* vor allem an Schilf (*Phragmites*) • *Lebensweise:* Flugzeit Mai bis Juli; die weißlichgelbe Larve überwintert und verpuppt sich im Frühling in der Galle

Die „Zigarrengallen" können bis 15 cm lang werden und verholzen. Die Farbe wechselt vom anfänglichen Grün bis zu Braun.

Zwenkenfliege
(Anthracophaga strigula)

• *Kennzeichen:* schwarz-gelb; Kopf eckig • *Größe:* bis 3 mm lang • *Lebensraum:* Wiesen, Wälder und Gebüsche • *Lebensweise:* Flugzeit Herbst (schlechte Flieger); Made frißt nicht ausschließlich an Zwenken (polyphag), sondern an verschiedenen Süßgräsern

Die bis zu 40 mm langen Gallen finden sich vor allem an Fieder- und Waldzwenke. In ihnen leben die weißlichen Maden dieser Halmfliege.

Familie Lausfliegen (Hippoboscidae)

Hirschlausfliege
(Lipoptena cervi)

• *Kennzeichen:* derb ledrig; mit zarten, zerbrechlichen Flügeln • *Größe:* bis 8 mm lang • *Lebensraum:* Wälder • *Lebensweise:* parasitisch an der Haut von Reh, Hirsch und Wildschwein; Abwurf der Flügel am Wirt

Interessanterweise legen die Weibchen keine Eier, sondern bringen nach etwa einjähriger Lebenszeit am Wirt Larven hervor, die sich sofort verpuppen.

Familie Echte Fliegen (Muscidae)

Stubenfliege
(Musca domestica)

• *Kennzeichen:* nackte Augen • *Größe:* bis 9 mm lang • *Lebensraum:* vor allem in der Nähe menschlicher Siedlungen • *Lebensweise:* saugt mit ausstülpbarem Rüssel verschiedenste Flüssignahrung; sehr kurze Entwicklungsdauer; viele Generationen im Jahr

Die Weibchen legen bis zu 2 000 Eier ab, aus denen die typischen Fliegenmaden schlüpfen. Sie leben in Dung und verpuppen sich zum rötlichbraunen Puparium.

Ordnung Köcherfliegen (Trichoptera)

Familie Frühlingsfliegen (Phryganeidae)

Köcherfliege
(Phryganea spec.)

• *Kennzeichen:* mottenähnlich; Flügel behaart • *Größe:* bis 60 mm Flügelspannweite • *Lebensraum:* ruhige, pflanzenreiche Gewässer • *Lebensweise:* nachtaktiv, tagsüber verborgen; pflanzliche und tierische Nahrung; Eiablage in das Wasser

Die Larven leben in transportablen Köchern, bei deren Bau sie die verschiedensten Materialien einsetzen. Je stärker die Strömung, desto schwerere Baumaterialien werden verwendet. Die Konstruktion beginnt mit einer Art Gespinströhre aus klebrigen Seidenfäden, an die später die Bauteile aus dem Lebensraum angeheftet werden.

Ordnung Schmetterlinge (Lepidoptera)

Familie Zwergmotten (Nepticulidae)

Vielblattrosenminiermotte
(Nepticula centifoliella)

• *Kennzeichen:* Vorderflügel mit glänzenden Streifen • *Größe:* 6 mm Flügelspannweite • *Lebensraum:* meist an Kulturrose • *Lebensweise:* zwei Generationen im Jahr; Flugzeit Frühjahr und Sommer

Der durch die gelblichweiße Raupe gefressene bräunliche Minengang erhält durch den Kot einen schwärzlichen Mittelstreifen.

Rosenblattminiermotte
(Nepticula anomalella)

Die Falter fliegen im Mai und August. Befallen werden Wild- und Kulturrosen. Die schlangenförmigen Minen dieser Art ähneln denen der vorigen weitgehend; sie sind aber im Regelfall etwas länger. Gut unterscheidbar sind die Raupen: die beinlose *anomalella*-Raupe ist rötlich eingefärbt. Eine Unterscheidung erwachsener Zwergmotten erweist sich dagegen als sehr schwierig.

Familie Miniersackmotten (Incurvariidae)

Schildkrötenmotte
(Incurvaria koernerielle)

• *Kennzeichen:* dreieckige Zeichen auf dem Vorderflügel • *Größe:* um 20 mm Flügelspannweite • *Lebensraum:* an verschiedenen Laubbäumen • *Lebensweise:* die Raupen minieren zunächst, später leben sie im Gehäusesack aus Blattstücken; Verpuppung im Sack

Zur Fertigung ihres winzigen Sackes schneiden die Raupen kleine Löcher aus den Blättern (z.B. von Birken).

Familie Miniermotten (Gracilariidae)

Fliedermotte
(Gracilaria syringella)

• *Kennzeichen:* Vorderflügel mit weißen Querbinden • *Größe:* bis 15 mm Flügelspannweite • *Lebensraum:* vor allem an Flieder und Esche • *Lebensweise:* zwei bis drei Generationen im Jahr; Flugzeit vorrangig Mai und Juni

Durch den Raupenfraß entstehen zunächst Blasenminen. Danach wird von der Unterseite ein Blattwickel gerollt. Die Puppe überwintert in einem solchen Blattwickel.

Familie Langhorn-Blattminiermotten (Lyonetiidae)

Schlangenminiermotte
(Lyonetia clerkella)

• *Kennzeichen:* Vorderflügel auffallend gelb • *Größe:* 8 mm Flügelspannweite • *Lebensraum:* an Eiche, selten an Kastanie • *Lebensweise:* Flugzeit Mai bis Juni; Minierfraß der Raupe in Blättern; Verpuppung (Hängematten-Puppenwiege) an der Blattunterseite

Die Minen bilden lange schmale Gänge und schließen „grüne Blattinseln“ ein, die in den späteren natürlichen Vergilbungsprozeß erstaunlicherweise nicht einbezogen werden.

Familie Schopfstirnmotten (Tischeriidae)

Eichenblattminiermotte
(Tischeria complanella)

• *Kennzeichen:* Vorderflügel auffallend gelb • *Größe:* 9 mm Flügelspannweite • *Lebensraum:* an Eiche, selten an Kastanie • *Lebensweise:* Flugzeit Mai bis Juni; Fraß der Raupe im Palisadengewebe; Raupen überwintern in den abgefallenen Blättern

Die durch den Raupenfraß entstehenden Platzminen bleiben auffallend hell, weil die Raupe den Kot aus dem

Blatt entfernt. Alle Raupen dieser Familie leben als Blattminierer.

Familie Sackspinner (Psychidae)

Gemeiner Sackträger
(Fumea casta)

• *Kennzeichen:* Weibchen ungeflügelt • *Größe:* 13 mm Flügelspannweite • *Lebensraum:* vorrangig an Gräsern • *Lebensweise:* Flugzeit der Männchen Mai bis Juni; Eiablage in den Weibchensack; die Raupe überwintert ein- bis zweimal

Der von der Raupe gebaute Sack wird sehr häufig der Länge nach mit kleinen Grasstückchen versehen. Der Sack hat eine Länge von wenigen Zentimetern.

Mohrenkopf
(Canephora unicolor)

• *Kennzeichen:* Falter schwarz, mit metallischem Glanz • *Größe:* 18 mm Flügelspannweite • *Lebensraum:* sonnige, trockene Wiesen • *Lebensweise:* Flugzeit Juni bis Juli; die flügellosen Weibchen verbleiben im Sack und werden dort auch vom Männchen begattet

Der von der graubraunen Raupe aus Grasteilchen zusammengesponnene Sack differiert zwischen den Geschlechtern. Das Männchen verwendet mehr Blattstückchen, das Weibchen mehr Stengelteile.

Schneckensackträger
(Cochliotheca crenulella)

• *Kennzeichen:* Weibchen ungeflügelt • *Größe:* bis 12 mm Flügelspannweite • *Lebensraum:* vorrangig an Büschen und Bäumen • *Lebensweise:* wahrscheinlich fast ausschließliche parthenogenetische Vermehrung; Verpuppung der Männchen in größerer Höhe am Stamm; Raupenfraß an verschiedenen Pflanzenarten

Die Raupe lebt in einem charakteristisch geformten, schneckenförmigen Sack (Ø etwa 5 mm), der außen mit kleinen Sandkörnchen besetzt ist.

Familie Wickler (Tortricidae)

Apfelwickler
(Cydia pomonella)

• *Kennzeichen:* Flügelrandfeld mit Kupferglanz • *Größe:* bis 22 mm Flügelspannweite • *Lebensraum:* Gärten und Obstplantagen • *Lebensweise:* zwei Generationen im Jahr; Flugzeit von Ende Mai bis August

Die rosafarbenen Raupen fressen im Apfel bis zum Kerngehäuse und rufen die bekannten Schadbilder hervor. Nach dem Reifefraß gehen die Raupen in den Boden und verpuppen sich dort.

Buchelwickler
(Cydia fagiglandana)

• *Kennzeichen:* bräunlich-weißlich • *Größe:* bis 20 mm Flügelspannweite • *Lebensraum:* vor allem an Buche und Eiche • *Lebensweise:* Flugzeit Juni; Überwinterung und Verpuppung am Boden oder in Rindenspalten

Die Raupe frißt fast ausschließlich in Bucheckern (selten in Eicheln und Haselnüssen). Deutlich sichtbar sind die Löcher, die sie beim Verlassen der Früchte im Herbst hinterläßt. Ähnliche Löcher verursacht auch die Larve des Eichelwicklers (*Cydia splendana*).

Lärchengallenwickler
(Cydia zebeana)

• *Kennzeichen:* Vorderflügel mit blau gerandetem Spiegel • *Größe:* 16 mm Flügelspannweite • *Lebensraum:* ausschließlich an Lärche • *Lebensweise:* Räupchen bohren sich in die Rinde und fressen dort – Überwinterung und erneuter Fraß (2jähriger Generationszyklus); Verpuppung am Stamm

Der Fraß der Raupe verursacht Harzfluß und die Schwellung des Holzes bis zur Größe einer Kirsche (Holzgalle). Die Schäden können zum Teil erheblich sein.

Kiefernharzgallenwickler
(Petrova resinella)

• *Kennzeichen:* Hinterflügel mit hellen Fransen • *Größe:* bis 20 mm Flügelspannweite • *Lebensraum:* vor allem an 6- bis 10jährigen Kiefern • *Lebensweise:* Flugzeit Mai bis Juni; die Raupe frißt vor allem an Seidenzweigen; Verpuppung erst nach zweimaliger Überwinterung der Raupe in der Galle

Die vom Räupchen gefertigten gallenartigen Gespinste bestehen aus einer Vermengung von Harz, Rinde und Kot. Durch laufende Vergrößerung entsteht schließlich eine zweikammrige Harzgalle von Walnußgröße.

Kieferntriebwickler
(Rhyacionia buoliana)

• *Kennzeichen:* Vorderflügel goldrot mit silbrigen Linien • *Größe:* um 20 mm Flügelspannweite • *Lebensraum:* in jungen Kiefernbeständen • *Lebensweise:* Hauptflugzeit Juni bis August; Raupen bohren sich in die Quirlknospen – Überwinterung und Knospenfraß von innen

Durch den Raupenfraß entstehen Verknickungen und durch Wiederaufrichtungen interessant aussehende Triebformen. Man spricht von Posthorn- oder Lyrabildungen.

Familie Gespinstmotten (Yponomeutidae)

Gespinstmotte
(Yponomeuta spec.)

• *Kennzeichen:* Vorderflügel weiß mit schwarzen Flecken • *Größe:* um 20 mm Flügelspannweite • *Lebensraum:* an Bäumen und Sträuchern • *Lebensweise:* Hauptflugzeit Juni bis Juli; die meist gelblichen Raupen beginnen bereits im Frühjahr zu fressen und bilden umfangreiche Gespinste, in denen sie sich auch verpuppen

Die Gespinste umfassen häufig die Zweigspitzen, so daß der gesamte Baum wie eingesponnen wirkt. Sehr stark befallen sind häufig Weißdorn, Traubenkirsche und Obstbäume.

Lärchentriebmotte
(Argyresthia laevigatella)

• *Kennzeichen:* Vorderflügel mit Bleiglanz • *Größe:* bis 12 mm Flügelspannweite • *Lebensraum:* ausschließlich an Lärche • *Lebensweise:* Flugzeit Ende Mai bis Juni; Raupenfraß unter der Rinde – Überwinterung – weiter Fraß und Verpuppung im Raupengang; vor der Verpuppung legt die Raupe die Ausflugslöcher für den Falter an

Oberhalb der Fraßstelle welken die Triebe und sterben schließlich ab. Das Schadbild ist auffällig.

Familie Schwärmer (Sphingidae)

Kiefernschwärmer
(Hyloicus pinastri)

• *Kennzeichen:* Vorderflügel rindenfarben mit schwarzen Zeichen • *Größe:* bis 80 mm Flügelspannweite • *Lebensraum:* Kiefern und Fichtenwälder, besonders Schonungen • *Lebensweise:* Flugzeit Mai bis Juli; die Raupe frißt vornehmlich in Baumkronen (Juli bis September)

Die hellgrüne Raupe mit den rötlichen Rückenstreifen verpuppt sich (Puppe 4 cm lang) am Boden unter Nadeln oder Moos.

Ligusterschwärmer
(Sphinx ligustri)

• *Kennzeichen:* Hinterflügel mit zwei dunklen Binden • *Größe:* bis 120 mm Flügelspannweite • *Lebensraum:* Waldränder, Gärten, Parks • *Lebensweise:* Flugzeit Ende Mai bis Juli; die Raupe frißt (häufig an Liguster und Flieder) von Juli bis September; die Verpuppung geschieht in einer wenige Zentimeter tiefen Höhle am Boden

Die hellgrünen Raupen mit den schrägen roten Seitenstreifen fallen vor allem durch ihre Körperhaltung auf: am Ast heben sie häufig den Vorderkörper an (Sphinx-Haltung).

Familie Zahnspinner (Notodontidae)

Mondfleck
(Phalera bucephala)

• *Kennzeichen:* Goldfleck an der Spitze des Vorderflügels • *Größe:* um 60 mm Flügelspannweite • *Lebensraum:* Flußauen, Parks und Heiden • *Lebensweise:* Flugzeit Anfang Mai bis Ende Juli; tagsüber meist verborgen; Raupenfraß (an Weide, Eiche, Pappel u.a.) von Juli bis August; Verpuppung in der Erde

Die Eigelege, bestehend aus 20 bis 40 halbkugligen Eiern, werden an der Blattunterseite verschiedener Laubbäume gefunden. Die Raupen leben gesellig.

Familie Schadspinner (Lymantriidae)

Schwammspinner
(Lymantria dispar)

• *Kennzeichen:* Vorderflügel mit gezackten Querstreifen • *Größe:* 45 mm Flügelspannweite • *Lebensraum:* Mischwälder, Parks, Gärten • *Lebensweise:* Flugzeit Mai bis September; die Raupe (vorrangig an Laubhölzern, seltener an Nadelbäumen) frißt von Mai bis Anfang August; Verpuppung in leichtem Gespinst am Baum

Die Eier (bis zu 800!) werden in einem sogenannten Eispiegel abgelegt und vom Weibchen mit Afterwolle bedeckt. So sind günstige Voraussetzungen für ein erfolgreiches Überwintern gegeben.

Goldafter
(Euproctis chrysorrhoea)

• *Kennzeichen:* Weibchen mit dickem Haarbüschel am Hinterleib; Flügel weißlich • *Größe:* bis 35 mm Flügelspannweite • *Lebensraum:* Eichenwälder, Gärten und Obstplantagen • *Lebensweise:* Flugzeit Ende Juni bis Anfang August; Raupen (Haare stark nesselnd) sehr gesellig

Die Raupen beginnen zum Ende des Sommers, dichte graue Gespinste zu weben. In diesen überwintern sie und setzen ihren Fraß im Frühjahr fort. Die Verpuppung geschieht in leichten Gespinsten zwischen Blättern.

Ahorneule
(Acronycta aceris)

• *Kennzeichen:* Vorderflügelzeichnung undeutlich; Hinterflügel weißlich • *Größe:* bis 25 mm Flügelspannweite • *Lebensraum:* vor allem in Gärten und Parks • *Lebensweise:* Flugzeit Mai bis August; die Raupen (häufig an Kastanie, Ahorn und Eiche) fressen von Juli bis September; die Puppe überwintert

Selten kommt diese Eule auch in einer zweiten Jahresgeneration vor.

Familie Prozessionsspinner (Thaumetopoeidae)

Eichenprozessionsspinner
(Thaumetopoea prozessionea)

• *Kennzeichen:* verwaschen; düster gefärbt • *Größe:* um 30 mm Flügelspannweite • *Lebensraum:* Eichenwälder • *Lebensweise:* Flugzeit Juli bis September; die Raupe frißt von Mai bis Juni vor allem in alten Eichen (gesellig); Puppe in Gespinsten; die Eier überwintern

Die Raupen wandern aus den gemeinsamen Schlafnestern zu den Eichenblättern, wobei sie eine exakte Kette bilden. Jede Raupe orientiert sich an einem Endfaden der Vorgängerin.
Die Eier werden von den Weibchen in den Baumkronen abgelegt und mit Afterhärchen abgedeckt.

Familie Wollraupenspinner (Lasiocampidae)

Ringelspinner
(Malacosoma neustria)

• *Kennzeichen:* Färbung variabel, gelb bis rötlich • *Größe:* 35 mm Flügelspannweite • *Lebensraum:* Laubwälder und Gärten • *Lebensweise:* Flugzeit Ende Juni bis August; die langbehaarten Raupen fressen von Mai bis Juni an Laubbäumen (besonders Eiche); braunschwarze Puppe im Gespinst an der Futterpflanze

Interessant ist die ringförmige Ablage der Eier um dünne Äste. Die Eier überwintern.

Kiefernspinner
(Dendrolimus pini)

• *Kennzeichen:* Färbung sehr variabel, hellgrau bis schwarz • *Größe:* um 70 mm Flügelspannweite • *Lebensraum:* Kiefern- und Kiefernmischwälder • *Lebensweise:* Flugzeit Anfang Juni bis August; die Raupen fressen fast ausschließlich an Kiefern (monophag); sie überwintern und verpuppen sich im folgenden oder darauffolgenden Jahr

Die Verpuppung erfolgt in weichen, gelblichgrauen Gespinstkokons an den Zweigen (meist im Juni).

Familie Birkenspinner (Endromididae)

Birkenspinner
(Endromis versicolora)

• *Kennzeichen:* weiß-braune Zeichnung • *Größe:* bis 80 mm Spannweite • *Lebensraum:* lichte Wälder und Parks • *Lebensweise:* die Männchen sind Tag-, die Weibchen Nachtflieger; die Raupe frißt an Birke und anderen Laubbäumen

Die Puppe überwintert (nicht selten mehrmals) in einem schwärzlichen Gespinst am Boden.

Familie Edelfalter (Nymphalidae)

Tagpfauenauge
(Inachis io)

• *Kennzeichen:* Augenflecken mit blauem Hinterrand • *Größe:* bis 60 mm Flügelspannweite • *Lebensraum:* überall im offenen Gelände • *Lebensweise:* ein bis drei Generationen (zu einer dritten Generation kommt es nur in sehr heißen Jahren); Flugzeit Juni bis Juli und August bis Mai (mit Winterpause); die gesellige Raupe frißt vorrangig an Brennessel und Hopfen

Die Stürzpuppe wird an Blättern und Stengeln aufgehängt. Bei dieser Puppenform spinnt sich die Raupe auf der Unterlage fest und richtet sich nach der letzten Häutung frei nach außen – es entsteht das charakteristische Bild einer Stürzpuppe.

Kleiner Fuchs
(Aglais urticae)

• *Kennzeichen:* schwarz-gelbe Zeichen am Vorderflügel • *Größe:* bis 50 mm Flügelspannweite • *Lebensraum:* überall im offenen Gelände • *Lebensweise:* sehr oft zwei Generationen im Jahr; Flugzeit ähnlich der vorigen Art; der Falter überwintert

Die schwarz-gelb gestreiften Raupen leben gesellig; sie fressen von Juni bis September an Brennesseln. Die Puppen werden sehr häufig an verschiedensten Gegenständen (z.B. an Dachbalken) aufgehängt.

Familie Weißlinge (Pieridae)

Großer Kohlweißling
(Pieris brassicae)

• *Kennzeichen:* weiß, mit schwarzen Flecken am Flügelvorderrand • *Größe:* bis 65 mm Flügelspannweite • *Lebensraum:* überall im offenen Gelände • *Lebensweise:* Flugzeit April bis Juni, Juli bis August und manchmal eine dritte Generation von September bis Oktober; die Raupen fressen vor allem an Kreuzblütlern (besonders an Kohl)

An einem Blatt werden vom Weibchen bis zu 40 Eier befestigt. Die Räupchen schlüpfen nach 1 bis 2 Wochen.

Zitronenfalter
(Gonepteryx rhamni)

• *Kennzeichen:* Männchen zitronengelb, Weibchen blasser • *Größe:* bis 50 mm Flügelspannweite • *Lebensraum:* im offenen Gelände und in lichten Wäldern • *Lebensweise:* Flugzeit ganzjährig (Überwinterung am

Boden zwischen Laub); die Raupe frißt von Juni bis Juli an Faulbaum

Das Weibchen heftet die Eier meist einzeln an die Blätter des Faulbaumes. Bei der Gruppe der Weißlinge beobachtet man die charakteristische Gürtelpuppe. Bei dieser Puppenform spinnt das letzte Raupenstadium einen feinen Gürtelfaden, der die spätere Puppe in einer aufrechten Position hält.

Stamm Rückensaitentiere (Chordata)

Das entscheidende Merkmal bildet die Chorda, ein rückwärtig gelegenes (dorsales) Stützelement, das bei allen Vertretern zumindest embryonal angelegt wird. Die weitaus meisten Arten gehören zum bekannten Unterstamm der Wirbeltiere (Vertebrata) – hochentwickelte Vierfüßer, bei denen die Wirbelsäule verknöchert ist.

Klasse Knorpelfische (Chondrichthyes)

Ordnung Rochenartige (Rajiformes)

Familie Echte Rochen (Rajidae)

Nagelrochen
(Raja clavata)

• *Feldkennzeichen:* Rückenhautzähne mit Nagelkopf-Basalplatten • *Größe:* Männchen bis 70 cm, Weibchen bis 125 cm lang • *Lebensraum:* europäische Küsten, Nordsee; bis 100 m Tiefe • *Lebensweise:* ernährt sich von verschiedenen Bodentieren, insbesondere von Krebsen

Der Nagelrochen legt die Eier einzeln im Sand ab, wo sie auch ihre halbjährige Embryonalentwicklung durchlaufen.

Ordnung Heringshaiartige (Lamniformes)

Familie Katzenhaie (Scyliorhinidae)

Kleingefleckter Katzenhai
(Scyliorhinus caniculus)

• *Feldkennzeichen:* dunkle Flecken an Rücken und Körperseiten; senkrechte Pupille • *Größe:* bis 100 cm lang

• *Lebensraum:* Ärmelkanal, Mittel- und Schwarzmeer; meist in geringer Tiefe • *Lebensweise:* ausgesprochener Bodenfisch über Schlamm und Sand, der sich von verschiedenen Kleintieren ernährt

Der Katzenhai legt nur zwei Eier ab, deren Behälter durch die langen Fäden an den Ecken auffallen. Eine Kapsel ist 4 cm lang und 2 cm breit. Die Entwicklung dauert bis zu 9 Monaten.

Klasse Knochenfische (Osteichthyes)

Ordnung Barschartige (Perciformes)

Familie Echte Barsche (Percidae)

Flußbarsch
(Perca fluviatilis)

• *Feldkennzeichen:* stumpfer Kopf mit großer Mundspalte; bis 9 dunkle Querbinden an den Körperseiten • *Größe:* bis 40 cm lang • *Lebensraum:* fast im gesamten europäischen Raum; im Süß- und Brackwasser • *Lebensweise:* nicht selten in Schwärmen; ernährt sich von Kleintieren; laicht von März bis Juni; die Entwicklungszeit beträgt reichlich 2 Wochen

Bei der anatomischen Betrachtung eines Knochenfisches fällt zunächst die starke Gliederung von Gesichts- und Hirnschädel auf. Dadurch entstehen spezifische funktionale Besonderheiten, wie beispielsweise die Beweglichkeit des Unterkiefers in der Vertikalen und Horizontalen.

Ordnung Karpfenartige (Cypriniformes)

Familie Karpfenfische (Cyprinidae)

Plötze
(Rutilus rutilus)

• *Feldkennzeichen:* roter Augenring; Kiel zwischen Bauchflossen und Afterflosse gerundet • *Größe:* 20 cm lang • *Lebensraum:* weite Teile Europas; in ruhigen Gewässern; im Süß- und Brackwasser • *Lebensweise:* laicht von April bis Mai; ernährt sich von Pflanzen und Kleintieren

Das Ablaichen geschieht meist in großen Schwärmen, wobei ein Weibchen bis zu 100 000 Eiern absetzt. Der Laich findet sich dann an Pflanzen des flachen Wassers.

Klasse Lurche (Amphibia)

Ordnung Schwanzlurche (Caudata)

Familie Echte Salamander und Molche (Salamandridae)

Teichmolch
(Triturus vulgaris)

• *Feldkennzeichen:* Männchen mit hohem Wellenkamm zur Fortflanzungszeit • *Größe:* bis 11 cm lang • *Lebensraum:* keine spezifischen Ansprüche an das Gewässer, selbst in kleinen Tümpeln • *Lebensweise:* häufiger an Land als viele andere Molche; ernährt sich von verschiedenen Kleintieren

Der Teichmolch laicht von April bis Mai. Dazu sucht das Weibchen Wasserpflanzen auf, in deren Blattwinkel die in Gallertschichten eingehüllten Eier abgelegt werden. Die Larve schlüpft nach 3 bis 5 Wochen.

Ordnung Froschlurche (Salientia)

Familie Scheibenzüngler (Discoglossidae)

Rotbauchunke
(Bombina bombina)

• *Feldkennzeichen:* unterseits leuchtend gefärbt • *Größe:* um 5 cm lang • *Lebensraum:* östliches und mittleres Europa; vor allem im Tiefland • *Lebensweise:* ernährt sich von Insekten und anderen Kleintieren; überwintert an Land; Paarungszeit Mai bis Juni

Die Unke setzt den Laich in kleinen Klumpen ab, die sich oft an Wasserpflanzen anheften oder aber zu Boden sinken.

Geburtshelferkröte
(Alytes obstetricans)

• *Feldkennzeichen:* plumper Körper; Pupille senkrecht • *Größe:* bis 5 cm lang • *Lebensraum:* westliches Europa bis zum Harz; in vielfältigen Biotopen • *Lebensweise:* vorwiegend nachts aktiv; tagsüber verborgen; meist an Land; ernährt sich von Insekten und anderen Kleintieren

Die Männchen wickeln sich die Laichschnüre, die oft nur 40 bis 60 große Eier enthalten, um die Hinterbeine. Sucht das Männchen das Wasser auf, so kommt es bald zum Schlupf der Larven.

Familie Krötenfrösche (Pelobatidae)

Knoblauchkröte
(Pelobates fuscus)

• *Feldkennzeichen:* gedrungener, kurzer Kopf; Zeichnung variabel • *Größe:* bis 8 cm lang • *Lebensraum:* fast das gesamte Europa; im Flachland • *Lebensweise:* meist nachtaktiv; tagsüber bis 1 m tief (auch während der Überwinterung) im Erdreich vergraben

Der Laich findet sich in einheitlich dicken Schnüren. Bereits nach einer Woche schlüpfen die Larven.
Die häufig in Eulengewöllen gefundenen Knochen zeigen die Verschmelzung von Kreuzbeinwirbel und Steißbein.

Familie Kröten (Bufonidae)

Erdkröte
(Bufo bufo)

• *Feldkennzeichen:* Pupillen waagerecht; Iris goldfarben • *Größe:* Männchen bis 8 cm, Weibchen bis 15 cm lang • *Lebensraum:* stehende Laichgewässer; fast überall in Europa; bis 2 000 m Höhe • *Lebensweise:* ernährt sich von Würmern, Schnecken und anderen Kleintieren; dämmerungs- und nachtaktiv

Die Erdkröte laicht gern in sehr seichtem Wasser ab (20 bis 30 cm tief). Die austretenden Laichschnüre bestehen aus maximal 6 000 Eiern. Nach 2 bis 3 Wochen schlüpfen die Larven.

Kreuzkröte
(Bufo calamita)

• *Feldkennzeichen:* kurzbeinig – schnell laufend • *Größe:* Männchen bis 8 cm, Weibchen bis 10 cm lang • *Lebensraum:* gesamtes Europa; bevorzugt sandigen, trockenen Boden • *Lebensweise:* meist nachtaktiv; ernährt sich von Kleintieren; Überwinterung in selbstgegrabenen Höhlen

Die Laichschnüre treten paarig aus und erreichen eine Länge von 1 bis 2 m lang. Eine Schnur besteht aus 3 000 bis 10 000 Eiern. Die Beobachtung des Laichs ist von Mai bis August möglich.

Familie Laubfrösche (Hylidae)

Laubfrosch
(Hyla arborea)

• *Feldkennzeichen:* oberseits blattgrün • *Größe:* bis 5 cm lang • *Lebensraum:* in großen Teilen Europas (nicht im Norden); in Gebüschen und Waldrändern nahe der Laichgewässer – wärmeliebend • *Lebensweise:* häufig nachtaktiv; ernährt sich von Insekten und deren Larven

Die 2 bis 5 walnußgroßen Eiklumpen werden gern in der Nähe des Ufers an Pflanzen abgelegt oder sinken zu Boden. Ein Klumpen besteht meist aus 100 bis 300 Eiern. Die Larven schlüpfen nach 1 bis 2 Wochen.

Familie Echte Frösche (Ranidae)

Grasfrosch
(Rana temporaria)

• *Feldkennzeichen:* Färbung variabel – auf dem Rücken dunkle Flecken • *Größe:* bis 10 cm lang • *Lebensraum:* in verschiedensten Feuchtbiotopen • *Lebensweise:* tag- und nachtaktiv; außerhalb der Paarungszeit meist an Land; Überwinterung häufig im Wasser; ernährt sich von Kleintieren

Das Weibchen legt im flachen Wasser ein bis zwei Laichballen ab (jeweils bis zu 4 000 Eier), die an Pflanzen haften bleiben oder zu Boden sinken. Im Unterschied zum Teichfrosch (*Rana* kl. *esculenta*) kommt es zu einer starken Quellung, nach der der Laichklumpen an die Oberfläche steigt. Die Larven schlüpfen nach 2 bis 4 Wochen.
Typisch für den Froschschädel ist der schmale obere Teil der Schädelkapsel; er wird aus den paarigen Frontoparietalia (Verschmelzung von Frontale und Parietale) gebildet. In Gewöllen findet man oft gut erhaltene Knochen, anhand derer man die Arten gut bestimmen kann. Artspezifisch gestaltet sind insbesondere die Darmbeine (Ileum) bzw. deren Gelenkpfannen (Acetabulum).

Klasse Kriechtiere (Reptilia)

Ordnung Schildkröten (Testudines)

Familie Sumpfschildkröten (Emydidae)

Europäische Sumpfschildkröte
(Emys orbicularis)

• *Feldkennzeichen:* schwärzlichbraun, mit heller Zeichnung • *Größe:* Panzer 20 – 30 cm lang • *Lebensraum:* in großen Teilen Europas – nicht im Norden; häufig in trübem Wasser mit dichtem Pflanzenwuchs • *Lebensweise:* scheu; tag- und nachtaktiv; ernährt sich von Kleintieren und Wasserpflanzen (Schlinger); Eiablage (5 bis 15 Eier) im Uferbereich in selbstgegrabener Mulde

Der Schildkrötenkiefer ist zahnlos und mit einem Hornschnabel bedeckt. Die Zahl der Schädelknochen ist reduziert.

Ordnung Schuppenkriechtiere (Squamata)

Familie Halsbandeidechsen (Lacertidae)

Zauneidechse
(Lacerta agilis)

• *Feldkennzeichen:* hell-dunkles Fleckenband auf dem Rücken • *Größe:* bis 24 cm lang • *Lebensraum:* bevorzugt warme, sonnige Biotope; Waldränder und Böschungen • *Lebensweise:* ernährt sich von Kleintieren; erscheint März/April und geht Ende September zur Überwinterung in die Erde

Das Weibchen legt 5 bis 14 Eier in die Erde ab, wobei der Feuchtigkeitsgehalt der Umgebung nicht zu niedrig sein darf.

Familie Nattern (Colubridae)

Ringelnatter
(Natrix natrix)

• *Feldkennzeichen:* Kopf abgesetzt; Färbung variabel; zwei gelbliche Flecken am Kopf • *Größe:* 1 – 2 m lang • *Lebensraum:* feuchte Biotope • *Lebensweise:* guter Schwimmer und Taucher; ernährt sich hauptsächlich von Fröschen und Kröten; Paarung von April bis Mai

Ringelnattern greifen größere Feinde selten an, sondern nutzen ihren Totstellreflex, wobei sie unangenehm riechende Sekrete aus den Analdrüsen entleeren.
Der Schädel der Schlangen ist der spezifischen Ernährungsweise, dem Schlingen, in hervorragender Weise angepaßt. Er besteht aus leicht verschieblichen Knochenelementen, dehnbaren Bändern und Gelenken mit einem großen Freiheitsgrad.

Klasse Vögel (Aves)

Ordnung Steißfüße (Podicipediformes)

Familie Lappentaucher (Podicipedidae)

Haubentaucher
(Podiceps cristatus)

• *Feldkennzeichen:* deutliche Federhaube; Männchen mit schwarzer Halskrause • *Größe:* 32 – 45 cm • *Lebensraum:* Seen und ruhig fließende Gewässer • *Nahrung:* kleine Fische und Insekten • *Brutzeit:* April bis Juni • *Eier:* bläulichweiß; 55 × 35 mm; 4 – 6 pro Gelege • *Nest:* Ø außen 45 cm

Der schwimmende Nesthaufen ragt zu einem Drittel aus dem Wasser heraus, die Pflanzenteile sind mit Schlamm verklebt. Beim Verlassen des Nestes wird es abgedeckt.

Ordnung Ruderfüßer (Pelecaniformes)

Familie Kormorane (Phalacrocoracidae)

Kormoran
(Phalacrocorax carbo)

• *Feldkennzeichen:* schwarzes Gefieder; weißes Gesicht und gelber Schnabel • *Größe:* bis 90 cm • *Lebensraum:* Seen, Flüsse, an der Küste • *Nahrung:* Fische (selten auch Krabben) • *Brutzeit:* April bis Juli • *Eier:* bläulichweiß, mit weißem, kreidigem Überzug; 65 × 40 mm; 3 – 5 pro Gelege • *Nest:* Ø außen 60 cm

Die Nestgrundlage bilden kräftigere Knüppel, es folgen dünnere Zweige. Innen wird das Nest mit Schilf, Gras, Tang u.ä. zarteren Pflanzenteilen ausgelegt. Der ätzende Kot (Harnsäure) führt bald zum Absterben der Bäume.

Ordnung Schreitvögel (Ciconiiformes)

Familie Reiher (Ardeidae)

Graureiher
(Ardea cinerea)

• *Feldkennzeichen:* schwarze Nackenfedern; Hals im Fluge eingezogen • *Größe:* bis 90 cm • *Lebensraum:* flache Seen und Flüsse • *Nahrung:* Fische, Insekten und Kleinsäuger • *Brutzeit:* März bis Mai • *Eier:* zart blaugrün; 60 × 43 mm; 4 – 5 pro Gelege • *Nest:* Ø außen bis 120 cm

Das Nest bildet eine Art Plattform mit einer flachen Mittelmulde. Häufig wird es mehrfach verwendet und nimmt deshalb jedes Jahr an Größe zu.
Besonders im Schlamm der Ufer ist die Fußspur des Graureihers – in einer Linie – gut sichtbar. Dort finden wir auch Kotflecken (den kalkweißen, dickflüssigen „Schmelz“) und unter den Horstbäumen die Gewölle mit Knochen und Chitinresten (Fische werden völlig verdaut).

Familie Störche (Ciconiidae)

Weißstorch
(Ciconia ciconia)

• *Feldkennzeichen:* rötliche Beine • *Größe:* bis 100 cm • *Lebensraum:* offenes Gelände, Wassernähe • *Nahrung:* Insekten, Kleinsäuger und Lurche • *Brutzeit:* April bis Mai • *Eier:* weiß; 71 × 52 mm; 3 – 6 pro Gelege • *Nest:* Ø außen 80 – 160 cm

Die Unterlage des umfangreichen Nestes bilden starke Knüppel, auf die feinere Reiser verbunden mit Grasbüscheln und Erdklumpen folgen. Bei Wiederverwendung wächst das Nest zu einem massiven Bau.
Der Tritt des Storchs ist dem des Kranichs nicht unähnlich, man beachte aber die starke Mittelzehe.
In den Gewöllen sind die Chitinreste von Gliederfüßern überrepräsentiert, da die Knochen der Wirbeltiere weitgehend abgebaut werden.

Schwarzstorch
(Ciconia nigra)

• *Feldkennzeichen:* schwarz, mit weißer Unterseite • *Größe:* bis 94 cm • *Lebensraum:* Laub- und Mischwälder • *Nahrung:* kleine Fische, Insekten und Lurche • *Brutzeit:* April bis Mai • *Eier:* weiß; 65 × 49 mm; 3 – 4 pro Gelege • *Nest:* Ø außen um 60 cm

Das Nest steht meist mehr als 10 m hoch auf großen, alten Bäumen. Es wird manchmal wiederverwendet und wächst dann von Jahr zu Jahr. Die einzelnen Äste sind oft mit Erde vermengt.

Ordnung Flamingovögel (Phoenicopteriformes)

Familie Flamingos (Phoenicopteridae)

Rosaflamingo
(Phoenicopterus ruber)

• *Feldkennzeichen:* überlanger Hals; geknickter Schnabel • *Größe:* bis 125 cm • *Lebensraum:* Südwesteuropa; flache Gewässer; auch Brack- und Salzwasser • *Nahrung:*

seiht feine Nahrungsteilchen aus dem Wasser • *Brutzeit:* April bis Juni • *Eier:* weiß, mit kreidigem Überzug; 88 × 55 mm; 1 – 2 pro Gelege • *Nest:* Ø außen um 60 cm

Wenngleich der Rosaflamingo auch über ein gutes Schwimmvermögen verfügt, beobachtet man ihn weit häufiger gemessen schreitend.

Ordnung Gänsevögel (Anseriformes)

Familie Entenvögel (Anatidae)

Höckerschwan
(Cygnus olor)

• *Feldkennzeichen:* roter Schnabel; Höcker am Schnabelansatz • *Größe:* 150 – 165 cm • *Lebensraum:* Seen und ruhige Flüsse mit weiten Uferregionen • *Nahrung:* Samen, Sprossen, Triebe • *Brutzeit:* April bis Mai • *Eier:* zart graugrün; 113 × 73 mm; 5 – 8 pro Gelege • *Nest:* Ø außen bis 170 cm

Das umfangreiche Nest besteht hauptsächlich aus Schilf, Rohr und Wurzeln. Die Mulde wird mit zarten Pflanzenteilen und Dunen ausgelegt. Häufig beginnt das Männchen den Bau, erst später beteiligt sich das Weibchen.
Bei der Unterscheidung der Tritte von Schwan, Gans und Ente achte man vor allem auf die Größe.

Graugans
(Anser anser)

• *Feldkennzeichen:* Schnabel gelblich bis rötlich • *Größe:* 72 – 81 cm • *Lebensraum:* große Seen mit dichter Ufervegetation • *Nahrung:* Gräser, Kräuter, Wasserpflanzen • *Brutzeit:* März bis April • *Eier:* weiß; 85 × 59 mm; 4 – 7 pro Gelege • *Nest:* Ø außen bis 100 cm

Das umfangreiche Nest wird sehr locker aus Schilf und anderen Wasserpflanzen zusammengefügt. Innen ist es mit zarten Halmen ausgelegt. In jedem Falle werden feuchte Standorte gewählt.

Stockente
(Anas platyrhynchos)

• *Feldkennzeichen:* Kopf grün schillernd, mit weißem Halsring; blauer Spiegel an den Flügeln • *Größe:* 47 – 59 cm • *Lebensraum:* ruhige Gewässer • *Nahrung:* Pflanzen, Samen, Insekten • *Brutzeit:* April bis Juni • *Eier:* graugrün; 59 × 40 mm; 7 – 12 pro Gelege • *Nest:* Ø außen bis 45 cm

Häufig wird das Nest am Boden angelegt, findet sich aber auch weitab vom Gewässer in alten Krähennestern. Bestandteile sind trockenes, dürres Pflanzenmaterial, kennzeichnend die graubraunen Dunen in der Nestmulde.

Tafelente
(Aythya ferina)

• *Feldkennzeichen:* grauer Spiegel • *Größe:* 40 – 48 cm • *Lebensraum:* Seen mit reicher Vegetation • *Nahrung:* Triebe, Wasserpflanzen und Insekten • *Brutzeit:* Mai bis Juni • *Eier:* leicht graugrün; 62 × 44 mm; 7 – 10 pro Gelege • *Nest:* Ø außen 30 cm

Häufig wird das Nest am Gewässerufer direkt am Boden errichtet, seltener als Schwimmnest. Innen ist es mit Dunen und Federn ausgelegt.

Ordnung Greifvögel (Falconiformes)

Familie Greife (Accipitridae)

Rohrweihe
(Circus aeruginosus)

• *Feldkennzeichen:* breiter, langer Schwanz • *Größe:* 50 – 55 cm • *Lebensraum:* Seen und Sumpfwiesen • *Nahrung:* Vögel und Kleinsäuger • *Brutzeit:* April bis Mai • *Eier:* bläulichweiß; 48 × 38 mm; 4 – 5 pro Gelege • *Nest:* Ø außen bis 130 cm

Die Rohrweihe nistet gern an unzugänglichen Orten am Boden – in Sumpf oder Röhricht. Hauptbestandteile des Nestes sind Schilf und Reisig, die Mulde wird mit Gräsern ausgepolstert. Häufig baut nur das Weibchen.

Steinadler
(Aquila chrysaetos)

• *Feldkennzeichen:* Schwanz mit schwarzer Endbinde • *Größe:* 80 – 86 cm • *Lebensraum:* weite Wälder oder an steilen Felsen • *Nahrung:* mittelgroße Säugetiere und Vögel • *Brutzeit:* März bis April • *Eier:* weiß, gelbbraun gefleckt; 78 × 60 mm; meist 2 pro Gelege • *Nest:* Ø außen 130 cm

Bevorzugte Nistplätze sind unzugängliche Klippen und Felswände. Das mächtige Nest besteht aus Knüppeln, Zweigen, Kraut und Grasbatzen, im Innern mit Kiefernnadeln.

Seeadler
(Haliaeetus albicilla)

• *Feldkennzeichen:* kurzer, breitgefächerter Schwanz • *Größe:* um 75 cm • *Lebensraum:* an Ufern von Seen und Flüssen • *Nahrung:* Fische und Kleinvögel, auch Aas • *Brutzeit:* Februar bis April • *Eier:* weiß; 72 × 57 mm; meist 2 pro Gelege • *Nest:* Ø außen bis 200 cm

Der Horst wird auf alten Bäumen oder auch an Felswänden errichtet (ausnahmsweise am Boden). Die Grundkonstruktion, aus Knüppeln und Reisig, ist sehr massiv. Die flache Mulde wird mit zarten Pflanzenteilen (auch mit Lumpen und Wolle) gepolstert.

Mäusebussard
(Buteo buteo)

• *Feldkennzeichen:* Unterseite meist auffällig gefleckt • *Größe:* 50 – 56 cm • *Lebensraum:* Laub- und Mischwälder • *Nahrung:* Mäuse und Kleinvögel • *Brutzeit:* April bis Mai • *Eier:* grauweiß, mit brauner Zeichnung; 56 x 45 mm; 2 – 4 pro Gelege • *Nest:* Ø außen um 75 cm

Das umfangreiche Nest wird auf hohen Bäumen errichtet (Stammgabeln). Es besteht aus den verschiedensten Pflanzenmaterialien und wird gern mit frischen Blättern ausgelegt, die laufend erneuert werden.
Die Gewölle geben über die aufgenommene Nahrung des

Mäusebussards nur sehr unvollständig Auskunft, weshalb man bei der Ermittlung des Nahrungsspektrums auf Magenanalysen angewiesen ist.
Der Mäusebussard kröpft kleine Beutetiere gleich am Ort und unzerteilt, größere reißt er auseinander.

Habicht
(Accipiter gentilis)

• *Feldkennzeichen:* breite, gerundete Flügel; Schwanz gebändert • *Größe:* 50 – 59 cm • *Lebensraum:* Laub- und Mischwälder • *Nahrung:* Vögel und Säugetiere • *Brutzeit:* Mai bis Juni • *Eier:* zart bläulichweiß; 57 × 43 mm; 3 – 4 pro Gelege • *Nest:* Ø außen 110 cm

Wie bei anderen Taggreifvögeln auch lassen sich guterhaltene Knochenreste in den Gewöllen nur selten nachweisen. Ausschließlich in der Fütterungs- bzw. Brutperiode findet man Knochenreste unter dem Horst. Die Rupfplätze befinden sich am Boden oder auf Bäumen.

Sperber
(Accipiter nisus)

• *Feldkennzeichen:* langer Schwanz mit auffälligen Querbinden • *Größe:* 30 – 38 cm • *Lebensraum:* kleinere Mischwälder • *Nahrung:* Vögel (selten kleine Säugetiere) • *Brutzeit:* Mai bis Juni • *Eier:* bläulichweiß, braun gefleckt; 40 × 32 mm; 4 – 6 pro Gelege • *Nest:* Ø außen 40 – 75 cm

Vor dem Kröpfen rupft der Sperber seine Beute. Das Kröpfen eines Singvogels dauert mindestens 5 min.

Wespenbussard
(Pernis apivorus)

• *Feldkennzeichen:* schmaler, langer Schwanz • *Größe:* 52 – 57 cm • *Lebensraum:* Laub- und Mischwälder • *Nahrung:* vorwiegend Wespen (auch andere Insekten und Kleintiere) • *Brutzeit:* Mai bis Juni • *Eier:* weiß, braun gefleckt; 51 × 41 mm; meist 2 pro Gelege • *Nest:* Ø außen um 90 cm (stark variierend)

Die Suche nach Wespennestern spielt eine bedeutende Rolle; um der Waben habhaft zu werden, scharrt der Wespenbussard bis zu 40 cm tief.

Familie Fischadler (Pandionidae)

Fischadler
(Pandion haliaetus)

• *Feldkennzeichen:* schmale, häufig gewinkelte Flügel • *Größe:* 52 – 59 cm • *Lebensraum:* Seen und Flüsse, auch Meeresküsten • *Nahrung:* Fische • *Brutzeit:* April bis Mai • *Eier:* weiß mit verschiedenfarbigen Flecken; 61 × 46 mm; meist 3 pro Gelege • *Nest:* Ø außen bis 160 cm

Der Fischadler baut sein mächtiges Nest gern auf alten, hohen Bäumen (seltener auf Klippen) in der Nähe von Gewässern. Das Nestinnere wird mit Halmen und Zweigen ausgelegt (charakteristisch sind alte Rindenstücke).
Er kröpft entweder vor Ort am Ufer oder aber auf speziellen Bäumen, die er immer wieder aufsucht.

Familie Falken (Falconidae)

Turmfalke
(Falco tinnunculus)

• *Feldkennzeichen:* Oberseite rotbraun; langer Schwanz; häufig rüttelnd • *Größe:* 30 – 36 cm • *Lebensraum:* Felsen oder Gebäude im freien Gelände • *Nahrung:* Kleinsäuger (bevorzugt Wühlmäuse) • *Brutzeit:* April bis Mai • *Eier:* gelblichweiß, braunrot gefleckt; 40 × 32 mm; 4 – 6 pro Gelege

Der Turmfalke brütet in Nischen, Höhlungen oder in den Nestern anderer Vögel. Er baut kein eigenes Nest.
Meist stößt der Turmfalke aus dem Rüttelflug heraus auf seine Beute; kleine Tiere werden noch im Flug gekröpft.

Baumfalke
(Falco subbuteo)

• *Feldkennzeichen:* kurzer Schwanz; schwarze Kopffedern • *Größe:* 30 – 35 cm • *Lebensraum:* Felder, Waldränder, Wiesen • *Nahrung:* Vögel, Insekten, Kleinsäuger

• *Brutzeit:* Juni • *Eier:* gelblichweiß, mit braunen Flekken; 42 × 33 mm; meist 3 pro Gelege

Der Baumfalke baut kein eigenes Nest, sondern nutzt leere Nester fremder Arten (z.B. von Krähen).
Viele Gewölle des Baumfalken bestehen zum überwiegenden Teil aus Insektenresten.

Wanderfalke
(Falco peregrinus)

• *Feldkennzeichen:* spitze Flügel; sich verjüngender Schwanz • *Größe:* um 40 cm • *Lebensraum:* offene Landschaften, auch kleine Wälder • *Nahrung:* ausnahmslos Vögel • *Brutzeit:* März bis Mai • *Eier:* gelblichweiß, stark braun gefleckt; 53 × 43 mm; 2 – 4 pro Gelege

Der Wanderfalke nutzt entweder Horste anderer Arten (Greife und Krähen) oder scharrt lediglich eine einfache Bodenmulde.
Er schlägt nur fliegende Vögel. Zum Kröpfen eines größeren Stücks benötigt er etwa eine halbe Stunde, das Rupfen verläuft wesentlich rascher.

Ordnung Hühnervögel (Galliformes)

Familie Raufußhühner (Tetraonidae)

Auerhuhn
(Tetrao urogallus)

• *Feldkennzeichen:* breitgefächerter Schwanz • *Größe:* bis 96 cm • *Lebensraum:* große Wälder mit Unterholz • *Nahrung:* Nadeln, Blätter, Gräser und Triebe • *Brutzeit:* April bis Juni • *Eier:* gelbbraun, dunkelbraun punktiert; 58 x 41 mm; 5 – 9 pro Gelege • *Nest:* Ø Mulde 20 – 30 cm

Man unterscheidet eine Frühjahrs- (bis Mai/Juni) und eine Herbstbalz (September bis November), wobei die Männchen besonders in den Morgenstunden ihren „Gesang“ anstimmen. Die Paarung geschieht auf dem Balzplatz.
Charakteristisch ist das weithin hörbare Abknipsen von Nadeln und dünnen Zweigen im Winter.

Birkhuhn
(Lyrurus tetrix)

• *Feldkennzeichen:* Männchen blauschwarz glänzend • *Größe:* 40 – 60 cm • *Lebensraum:* vor allem Moore und Brüche • *Nahrung:* Insekten, Knospen, Nadeln • *Brutzeit:* Mai bis Juni • *Eier:* gelbbraun, dunkelbraun punktiert; 50 x 37 mm; 7 – 10 pro Gelege • *Nest:* Ø Mulde 20 cm

Die Birkhuhnbalz beginnt Ende März. Auf spezifischen Balzplätzen präsentieren sich dann die Männchen und tragen „kullernd" ihre Standortkämpfe aus.
Schutz vor der Kälte im Winter sucht das Birkhuhn in bis zu 60 cm langen Schneehöhlen (man unterscheidet Tag- und Nachthöhlen), die es selber scharrt.

Alpenschneehuhn
(Lagopus mutus)

• *Feldkennzeichen:* im Winter weiß, schmaler Zügelstreif; im Sommer braun, mit Querwellen, Flügel weiß – Füße befiedert • *Größe:* 30 – 35 cm • *Lebensraum:* oberhalb der Baumgrenze • *Nahrung:* Blätter, Knospen und Triebe • *Brutzeit:* Mai bis Juni • *Eier:* gelblich, dunkel gefleckt; 42 × 30 mm; 6 – 9 pro Gelege • *Nest:* Ø Mulde 15 cm

Die sehr spärlich ausgelegte Mulde (trockene Halme) wird häufig zwischen Steinen und anderen halboffenen Standorten angelegt.
Die dicht befiederten Füße gestatten auch einen guten Lauf im weichen Schnee, wobei die Schrittlänge entsprechend der Schneedichte und -tiefe stark differiert.

Moorschneehuhn
(Lagopus lagopus)

• *Feldkennzeichen:* wie Alpenschneehuhn, jedoch im Winter ohne schwarzen Zügelstreif • *Größe:* 33 – 38 cm • *Lebensraum:* Feuchtbiotope, vorrangig Sümpfe und Moore • *Nahrung:* Blätter, Zweige, Knospen und Triebe • *Brutzeit:* Mai bis Juni • *Eier:* gelblich, schwarz gefleckt; 42 × 31 mm; 6 – 9 pro Gelege • *Nest:* Ø Mulde 15 cm

Familie Fasanvögel (Phasianidae)

Rebhuhn
(Perdix perdix)

• *Feldkennzeichen:* graubraun; kurzer Schwanz; Körper gedrungen • *Größe:* bis 35 cm • *Lebensraum:* Wiesen und Felder • *Nahrung:* Samen, Gräser und Insekten • *Brutzeit:* Mai bis Juni • *Eier:* hellbraun, in verschiedenen Tönungen; 36 × 27 mm; 10 – 20 pro Gelege • *Nest:* Ø Mulde 20 – 25 cm

Das Rebhuhn achtet besonders auf Sichtschutz nach oben und legt das Nest deshalb unter Hecken und Büschen an.
Es vermag ruhig zu laufen, aber auch sehr flink zu rennen. Burrend fliegt es schnell auf, geht aber ebenso rasch wieder nach unten.

Jagdfasan
(Phasianus colchicus)

• *Feldkennzeichen:* sehr langer, schmaler Schwanz • *Größe:* bis 82 cm • *Lebensraum:* unterholzreiche, offenen Landschaften • *Nahrung:* Früchte, Beeren, Blätter • *Brutzeit:* Mai bis Juni • *Eier:* hellbraun, in verschiedenen Tönungen; 45 × 36 mm; 8 – 16 pro Gelege • *Nest:* Ø Mulde 15 – 25 cm

Etwa mit Sonnenaufgang verlassen die Jagdfasane ihren Schlafplatz und laufen (seltener fliegen sie) zu den Nahrungsgebieten.
Das Sandbaden beobachtet man nicht nur beim Jagdfasan, sondern auch bei anderen Hühnervögeln.

Ordnung Kranichvögel (Gruiformes)

Familie Rallen (Rallidae)

Bläßralle
(Fulica atra)

• *Feldkennzeichen:* weiße Stirnplatte • *Größe:* 34 – 40 cm • *Lebensraum:* größere Seen mit reicher Ufervegetation • *Nahrung:* Algen, Wasserpflanzen, Kleintiere • *Brutzeit:* März bis Juni • *Eier:* hellgrau, mit kleinen dunklen

Punkten; 52 × 36 mm; 6 – 9 pro Gelege • *Nest:* Ø außen 25 – 50 cm

Das umfangreiche Nest aus Uferpflanzen wird direkt im oder am Wasser gebaut. Halme in Nestnähe werden gern haubenartig über dem Nest zusammengezogen. Das Männchen bringt dem Weibchen Nistmaterial, das dieses verbaut.

Teichralle
(Gallinula chloropus)

• *Feldkennzeichen:* rote Stirnplatte • *Größe:* 29 – 35 cm • *Lebensraum:* ruhige Gewässer aller Art • *Nahrung:* Gras, Früchte und Insekten • *Brutzeit:* April bis Juli • *Eier:* gelb bis bräunlich, dunkel gefleckt; 44 × 31 mm; 6 – 11 pro Gelege • *Nest:* Ø außen bis 30 cm

Männchen und Weibchen bauen das Nest gern in den Uferbewuchs von Gewässern, wobei sie vor allem Schilf verwenden. Über dem Nest ziehen sie Stengel und Halme zusammen. Manchmal nutzen sie auch Nester anderer Arten.

Familie Trappen (Otididae)

Großtrappe
(Otis tarda)

• *Feldkennzeichen:* Kopf und Kehle grau; Rücken rotbraun • *Größe:* 80 – 105 cm • *Lebensraum:* Felder, Wiesen • *Nahrung:* Blätter, Triebe, Insekten • *Brutzeit:* April bis Juni • *Eier:* graugrün bis bräunlich, mit dunklen Flecken; 79 × 55 mm; 2 – 3 pro Gelege • *Nest:* Ø Mulde bis 45 cm

Trappen gehen meist im ruhigen, raumgreifenden Schritt, geraten aber schon bei kleineren Hindernissen aus dem Gleichgewicht.

Familie Kraniche (Gruidae)

Kranich
(Grus grus)

• *Feldkennzeichen:* schwarz-weißer Hals; roter Scheitel • *Größe:* 110 – 125 cm • *Lebensraum:* Sümpfe, Moore und Brüche • *Nahrung:* Pflanzen, Früchte und Kleintiere • *Brutzeit:* März bis Mai • *Eier:* olivgrün bis bräunlich, mit dunklen Flecken; 96 × 62 mm; meist 2 pro Gelege • *Nest:* Ø außen bis 100 cm

Kraniche sind langsame, fast behutsame Schreiter mit großer Schrittweite.

Ordnung Regenpfeifervögel (Charadriiformes)

Familie Austernfischer (Haematopodidae)

Austernfischer
(Haematopus ostralegus)

• *Feldkennzeichen:* langer, roter Schnabel; Gefieder schwarz-weiß • *Größe:* bis 47 cm • *Lebensraum:* Meeresküste und Flußmündungen • *Nahrung:* Muscheln, Krebse, Schnecken • *Brutzeit:* Mai bis Juni • *Eier:* oliv bis braun, mit dunkler Zeichnung; 56 × 41 mm; 2 – 4 pro Gelege • *Nest:* Ø Mulde bis 20 cm

Familie Regenpfeifer (Charadriidae)

Flußregenpfeifer
(Charadrius dubius)

• *Feldkennzeichen:* schwarzer Schnabel und weißer Halsring • *Größe:* um 16 cm • *Lebensraum:* See- und Flußufer • *Nahrung:* Insekten • *Brutzeit:* April bis August • *Eier:* grau bis gelb, dunkel gefleckt; 30 × 22 mm; meist 4 pro Gelege • *Nest:* Ø Mulde 12 cm

Zwischen Steinen oder Grasbüscheln wird die flache Nestmulde angelegt und häufig mit Kieselsteinen oder auch mit Muscheln bestückt. Der Flußregenpfeifer brütet an kiesigen oder sandigen Stränden bzw. Ufern.
Regenpfeifer laufen mit hoher Schrittfrequenz („Rollen“)

über den Boden. Sie können aber auch einbeinig hüpfen – und dies nicht nur nach vorn.

Kiebitz

(Vanellus vanellus)

• *Feldkennzeichen:* auffälliger Federschopf • *Größe:* um 30 cm • *Lebensraum:* Wiesen und Felder, bevorzugt in Wassernähe • *Nahrung:* Insekten, Samen und Triebe • *Brutzeit:* März bis Mai • *Eier:* gelbbräunlich, dunkel gefleckt; 46 × 33 mm; meist 4 pro Gelege • *Nest:* Ø Mulde 15 cm

Das Nest wird auf Wiesen, Weiden und Äckern angelegt. Es besteht aus einer flachen Mulde, die mit kleinen Halmen und Stengeln ausgelegt wird.
Beim Aufpicken von Kleintieren scheint das Bodenklopfen (Fußtrillern) eine gewisse Rolle zu spielen.

Familie Schnepfenvögel (Scolopacidae)

Kampfläufer

(Philomachus pugnax)

• *Feldkennzeichen:* sehr kurzer, gerader Schnabel; Männchen im Brutkleid mit großer Halskrause • *Größe:* 23 – 27 cm • *Lebensraum:* Moore und feuchte Wiesen • *Nahrung:* Insekten und Weichtiere, Algen und Samen • *Brutzeit:* Mai bis Juni • *Eier:* grünlich bis bräunlich, dunkel gefleckt; 44 × 31 mm; meist 4 pro Gelege • *Nest:* Ø Mulde um 15 cm

Die Kollektivbalz der Kampfläufer ist inzwischen ausführlich erforscht und verdiente eigentlich ein eigenes Kapitel. Man beobachtet sie an bestimmten Plätzen (Arenen), die im Jahreslauf häufig wiederverwendet werden.

Großer Brachvogel

(Numenius arquata)

• *Feldkennzeichen:* sehr langer, leicht nach unten gebogener Schnabel • *Größe:* 52 – 60 cm • *Lebensraum:* Moore und feuchte Wiesen • *Nahrung:* Insekten und andere Kleintiere • *Brutzeit:* April bis Mai • *Eier:* gelblich bis bräunlich, mit braunen Flecken; 68 × 47 mm; meist 4 pro Gelege • *Nest:* Ø Mulde um 20 cm

Familie Säbelschnäbler (Recurvirostridae)

Säbelschnäbler
(Recurvirostra avosetta)

• *Feldkennzeichen:* schwarz-weißes Gefieder; langer, leicht nach oben gebogener Schnabel • *Größe:* 40 – 46 cm • *Lebensraum:* Küsten, Watt und Lagunen • *Nahrung:* Insekten und andere Kleintiere • *Brutzeit:* April bis Juni • *Eier:* bräunlich, dunkel gefleckt; 50 × 35 mm; meist 4 pro Gelege • *Nest:* Ø Mulde 12 cm

Das Nest besteht aus einer flachen Mulde, die (durchaus nicht immer) mit trockenen Halmen spärlich ausgelegt wird. Oft stehen die Nester frei an den Ufern von Küsten- oder salzhaltigen Gewässern des Binnenlandes.

Familie Möwenvögel (Laridae)

Lachmöwe
(Larus ridibundus)

• *Feldkennzeichen:* Handschwingen schwarz gesäumt; roter Schnabel • *Größe:* 34 – 38 cm • *Lebensraum:* Küste und Binnenland • *Nahrung:* Fische, Insekten und andere Kleintiere, Aas • *Brutzeit:* Mai bis Juni • *Eier:* grünlich bis bräunlich; 51 × 36 mm; 2 – 3 pro Gelege • *Nest:* Ø außen 30 – 70 cm

Die Lachmöwe nistet gern in größeren Kolonien direkt in Gewässernähe (auch im Binnenland). Zum Bau des Nestes verwendet das Männchen verschiedene Wasserpflanzen.
Das Geläuf der Möwen ähnelt dem der Enten, die Tritte sind aber kleiner, liegen dichter hintereinander und sind weniger einwärts gedreht. Mit den Speiballen scheidet die Lachmöwe Fischschuppen, Knochen- und Chitinreste aus.

Sturmmöwe
(Larus canus)

• *Feldkennzeichen:* gelblicher Schnabel ohne roten Schnabelfleck • *Größe:* um 40 cm • *Lebensraum:* Seen,

Meere und Küsten • *Nahrung:* Fische, Kleintiere • *Brutzeit:* Mai bis Juni • *Eier:* sandfarben bis bräunlich, mit braunen Flecken; 57 × 41 mm; 2 – 3 pro Gelege • *Nest:* Ø außen bis 30 cm

Die Nester (fast ausschließlich in Kolonien) werden aus dürrem Pflanzenmaterial am Boden oder auf Felsen errichtet.
Je nach Nahrungsangebot entstehen Haarfilz-, Federfilz- und Fischschuppen-Speiballen.

Silbermöwe
(Larus argentatus)

• *Feldkennzeichen:* graublauer Mantel; roter Schnabelfleck • *Größe:* 52 – 58 cm • *Lebensraum:* große Seen und Küste • *Nahrung:* Allesfresser – Fische und Kleintiere, Aas • *Brutzeit:* April bis Juni • *Eier:* grünlich bis bräunlich, dunkel gefleckt; 71 × 50 mm; 2 – 3 pro Gelege • *Nest:* Ø außen um 40 cm

Die Größe und Zusammensetzung der Speiballen variiert erheblich: man findet Reste von Krebsen und Muschelschalen sowie Federn und Knochen.

Dreizehenmöwe
(Rissa tridactyla)

• *Feldkennzeichen:* schwarze Flügelspitzen; Schnabel gelb • *Größe:* um 40 cm • *Lebensraum:* Steilküsten • *Nahrung:* Fische und Aas • *Brutzeit:* Mai bis Juni • *Eier:* graubraun, dunkel gefleckt; 55 × 40 mm; 1 – 3 pro Gelege • *Nest:* Ø außen 20 – 30 cm

Dreizehenmöwen nisten in riesigen Kolonien, meist an felsigen Küsten. Das hochrandige Nest ist ein kunstvoller Bau aus nasser Erde und verschiedenen Pflanzen. Später tragen die Exkremente der Jungvögel noch zur Nestverfestigung bei.

Familie Alken (Alcidae)

Papageitaucher
(Fratercula arctica)

• *Feldkennzeichen:* keilförmiger, bunter Schnabel • *Größe:* 30 – 35 cm • *Lebensraum:* vegetationsreiche Meeresküsten Nordeuropas • *Nahrung:* Fische • *Brutzeit:* April bis Mai • *Eier:* weiß, hellgrau gefleckt; 61 × 42 mm; meist 1 pro Gelege

Papageitaucher brüten gern auf hochgelegenen, grasigen Hängen und nutzen dabei häufig Höhlen oder Gänge anderer Tiere. Das Nest besteht aus einer einfachen Mulde (etwa 20 cm) und befindet sich am Gangende.

Trottellumme
(Uria aalge)

• *Feldkennzeichen:* dünner, langer Schnabel • *Größe:* um 40 cm • *Lebensraum:* Steilküsten • *Nahrung:* Fische • *Brutzeit:* Mai bis Juni • *Eier:* weiß bis grüngrau, stark variierende individuelle Zeichnung; 81 × 50 mm; meist 1 pro Gelege

Die Eier werden ohne Nistmaterial auf dem Fels abgelegt. Charakteristisch sind die dicht gedrängten Kolonien.

Ordnung Taubenvögel (Columbiformes)

Familie Tauben (Columbidae)

Ringeltaube
(Columba palumbus)

• *Feldkennzeichen:* weißes Zeichen auf der Flügeloberseite • *Größe:* um 40 cm • *Lebensraum:* Wälder und Parks • *Nahrung:* Samen und Früchte • *Brutzeit:* April bis August • *Eier:* weiß; 41 × 30 mm; meist 2 pro Gelege • *Nest:* Ø außen bis 25 cm

Es ist das typische Taubennest: eine vergleichsweise dünne, lockere, aber dennoch stabile Plattform. Die Ringeltaube errichtet sie vorzugsweise in Bäumen und Büschen – in unterschiedlicher Höhe.

Ordnung Eulenvögel (Strigiformes)

Familie Eulen (Strigidae)

Steinkauz
(Athene noctua)

• *Feldkennzeichen:* kurzer Schwanz; ohne Federohren • *Größe:* 20 – 25 cm • *Lebensraum:* Brüche, Kopfweiden, auch verlassene Gebäude • *Nahrung:* Vögel und Kleintiere • *Brutzeit:* April bis Mai • *Eier:* weiß, Oberfläche rauh; 35 × 30 mm; 3 – 6 pro Gelege

Der Steinkauz baut kein Nest, sondern brütet in Baumhöhlen (vorrangig in Kopfweiden) oder in Nistkästen. Durchschnittlich 18 Stunden nach der Nahrungsaufnahme wirft der Steinkauz seine Gewölle aus. Sie enthalten vor allem Chitinteile und Knochen von Mäusen.

Waldkauz
(Strix aluco)

• *Feldkennzeichen:* schwarze Augen • *Größe:* bis 40 cm • *Lebensraum:* Wälder und Parks, Vorliebe für alte Bäume • *Nahrung:* Kleintiere; umfangreiches Artenspektrum • *Brutzeit:* Februar bis April • *Eier:* weiß; 47 × 39 mm; 2 – 6 pro Gelege

Der Waldkauz baut kein eigenes Nest, sondern nutzt Höhlen und Nistkästen verschiedenster Art.
Die großen, glatten, walzenförmigen Gewölle enthalten verschieden gut erhaltene Knochen, manchmal gar ganze Skelette.

Waldohreule
(Asio otus)

• *Feldkennzeichen:* gelbe Augen; Federohren; Gesichtsschleier • *Größe:* 30 – 36 cm • *Lebensraum:* Nadelwälder, Felder • *Nahrung:* Kleintiere • *Brutzeit:* März bis April • *Eier:* weiß; 40 × 33 mm; 3 – 6 pro Gelege

Waldohreulen brüten in Nestern anderer Vögel (z.B. von Krähen und Greifvögeln).
Die grauen Gewölle deuten auf die Vorzugsnahrung –

Mäuse – hin. Charakteristisch ist die gleichmäßige Walzenform. Man findet die Gewölle in größerer Zahl unter den Ruhebäumen.

Sumpfohreule
(Asio flammeus)

• *Feldkennzeichen:* Federohren nur angedeutet • *Größe:* bis 40 cm • *Lebensraum:* Moore, feuchte Wiesen und Felder • *Nahrung:* Kleintiere und Vögel • *Brutzeit:* April bis Mai • *Eier:* weiß; 40 × 31 mm; 6 – 11 pro Gelege

Im Gegensatz zu anderen Eulen baut diese Art ein eigenes Nest (stets am Boden), legt die Eier aber manchmal auch einfach ohne Nistmaterial ab.
Ganz sicher lassen sich die Gewölle nicht von denen der Waldohreule unterscheiden; im Regelfall sind sie etwas schlanker und länger.

Uhu
(Bubo bubo)

• *Feldkennzeichen:* große Federohren; Schwanz und Flügel quergestreift • *Größe:* bis 70 cm • *Lebensraum:* Wälder und Brüche • *Nahrung:* Kleintiere, Vögel • *Brutzeit:* März bis April • *Eier:* weiß; 60 × 50 mm; 2 – 5 pro Gelege

Der Uhu brütet in Nestern anderer Vögel oder legt die Eier einfach auf dem Boden ab.
Als größte Eule bringt sie auch die größten Gewölle hervor: bis 10 cm lang und 4 cm dick; auffällig sind die herausragenden Knochen.

Familie Schleiereulen (Tytonidae)

Schleiereule
(Tyto alba)

• *Feldkennzeichen:* Brust einfarbig ohne Querstreifen; Gesichtsschleier • *Größe:* um 35 cm • *Lebensraum:* verlassene Gebäude, Scheunen, alte Bäume • *Nahrung:* Kleintiere, Vögel und Insekten • *Brutzeit:* April bis August • *Eier:* weiß; 39 × 31 mm; 4 – 10 pro Gelege

Die Schleiereule legt ihre Eier auf dem nackten Boden ab (manchmal auf Gewöllreste).
Die Gewölle sind schwarz und erscheinen wie von Asphalt überzogen. Die Knochenbestandteile weisen darauf hin, daß der Anteil von Spitzmäusen in der Nahrung überwiegt.

Ordnung Seglerartige (Apodiformes)

Familie Segler (Apodidae)

Mauersegler
(Apus apus)

• *Feldkennzeichen:* Ankerform; kurzer, gegabelter Schwanz • *Größe:* um 17 cm • *Lebensraum:* Gelände mit Felswänden oder hohen Siedlungsgebäuden • *Nahrung:* Insekten und Spinnen • *Brutzeit:* Mai bis Juni • *Eier:* weiß; 25 × 16 mm; 2 – 3 pro Gelege

Mauersegler nisten in verschiedensten Nischen und Höhlungen, wobei sie Häuser und Gebäude als künstliche „Felsen“ annehmen.

Ordnung Rackenvögel (Coraciiformes)

Familie Eisvögel (Alcedinidae)

Eisvogel
(Alcedo atthis)

• *Feldkennzeichen:* langer Schnabel; buntes Gefieder • *Größe:* um 16 cm • *Lebensraum:* Seen und Flüsse • *Nahrung:* Fische und Insekten • *Brutzeit:* April bis Juli • *Eier:* weiß; 23 × 19 mm; 5 – 8 pro Gelege • *Nest:* Ø Höhle um 17 cm

Eisvögel bringen 8 × 18 mm große, leicht zerfallende Speiballen hervor, die vor allem Knochenteile und Fischschuppen enthalten. Die Niströhre wird in Steilwänden nahe am Wasser gegraben. Nach mehrmaliger Benutzung entsteht eine Schicht von zerfallenen Speiballen, die die Jungvögel ausgespien haben.

Ordnung Spechtvögel (Piciformes)

Familie Spechte (Picidae)

Großer Buntspecht
(Dendrocopos major)

• *Feldkennzeichen:* deutlich abgegrenzter weißer Schulterfleck • *Größe:* 20 – 25 cm • *Lebensraum:* Wälder und Parks • *Nahrung:* Insekten und Samen • *Brutzeit:* Mai bis Juni • *Eier:* weiß; 26 × 20 mm; 5 – 7 pro Gelege • *Nest:* Ø Höhle 10 – 18 cm

Die Art gehört zu den Hackspechten. Während des Winters bearbeitet der Buntspecht vor allem Kiefern- und Fichtenzapfen – in den sogenannten Spechtschmieden. Der Form und Anlage nach unterscheidet man Nischen-, Klemm- und Gabelschmieden. Die am weitesten entwickelte Spechtschmiede stellt die eigens zugerichtete Nischenschmiede dar.
Exakte Zählungen ergaben, daß innerhalb eines Winters rund 200 Zapfen in mehr als 50 verschiedenen Schmieden bearbeitet werden. Fundstelle und Schmiede sind dabei meist nicht weiter als 20 m entfernt. Bei anderen Spechtarten sind die Spechtschmieden weniger gut entwickelt.

Kleinspecht
(Dendrocopos minor)

• *Feldkennzeichen:* Rücken durchgehend mit schwarzweißen Querstreifen • *Größe:* um 15 cm • *Lebensraum:* Wälder und Parks • *Nahrung:* Insekten, selten Früchte • *Brutzeit:* Mai bis Juni • *Eier:* weiß; 19 × 14 mm; 4 – 6 pro Gelege • *Nest:* Ø Höhle um 10 cm

Häufig beobachtet man den Kleinspecht, wenn er an Baumstämmen nach Insekten und deren Larven hackt.

Schwarzspecht
(Dryocopus martius)

• *Feldkennzeichen:* Körper einfarbig schwarz, nur am Kopf ein roter Fleck • *Größe:* 42 – 47 cm • *Lebensraum:* Misch- und Nadelwälder • *Nahrung:* Insekten • *Brutzeit:*

April bis Mai • *Eier:* weiß; 35 × 26 mm; 3 – 5 pro Gelege • *Nest:* Ø Höhle 25 – 30 cm

Für den Bau der Nisthöhle sucht der Schwarzspecht geeignete, nicht zu feste Stellen am Baum, z. B. in Hohlkehlen und unter Querlinien (man spricht von Chinesenbärten). Männchen und Weibchen arbeiten abwechselnd bis zu einem Monat. Viele andere Tierarten nutzen verlassene Schwarzspechthöhlen.
Tief hacken die Schwarzspechte am Stamm (bevorzugt werden kranke Bäume) nach ihrer Lieblingsnahrung, den Holzinsekten.

Grünspecht
(Picus viridis)

• *Feldkennzeichen:* Körper grün; große rote Kopfplatte • *Größe:* um 30 cm • *Lebensraum:* Parks und Obstplantagen • *Nahrung:* Insekten und Früchte • *Brutzeit:* April bis Mai • *Eier:* weiß; 32 × 23 mm; 5 – 8 pro Gelege • *Nest:* Ø Höhle bis 20 cm

Die Jagd auf Ameisenbaue beginnt meist von einem immer wieder benutzten „Wetzstamm" aus. Nach erfolgreicher Jagd wird hier der Schnabel gewetzt.

Ordnung Sperlingsvögel (Passeriformes)

Familie Lerchen (Alaudidae)

Feldlerche
(Alauda arvensis)

• *Feldkennzeichen:* weiße Schwanzkanten • *Größe:* bis 20 cm • *Lebensraum:* Felder und Wiesen • *Nahrung:* Insekten und Samen • *Brutzeit:* April bis Juli • *Eier:* weiß in verschiedenen Tönungen, braun gefleckt; 23 × 17 mm; 2 – 5 pro Gelege • *Nest:* Ø außen um 10 cm

Das Nest liegt immer gut versteckt in einer Bodenvertiefung und ist häufig noch durch einen Erdklumpen oder Grasbüschel sichtgeschützt.

Familie Schwalben (Hirundinidae)

Felsenschwalbe
(Ptyonoprogne rupestris)

• *Feldkennzeichen:* Brust bis zur Kehle durchgehend weiß bis grau • *Größe:* um 15 cm • *Lebensraum:* Gelände mit felsigem Charakter • *Nahrung:* Insekten • *Brutzeit:* Mai bis Juli • *Eier:* weiß bis rahm, gefleckt; 20 × 14 mm; 3 – 5 pro Gelege • *Nest:* Ø außen um 12 cm

Das Nest besteht aus einer Viertel- oder Halbkugel, die mit Erde, Halmen und Speichel durchsetzt ist. Es befindet sich regensicher unter Felsüberhängen. Innen wird es häufig mit Federn und Haaren ausgepolstert.

Rötelschwalbe
(Hirundo daurica)

• *Feldkennzeichen:* Nackenband und Bürzel gelblich bis rot • *Größe:* bis 20 cm • *Lebensraum:* Gelände mit felsigem Charakter • *Nahrung:* Insekten • *Brutzeit:* Mai bis Juli • *Eier:* weiß; 20 × 14 mm; 3 – 7 pro Gelege • *Nest:* Ø außen um 20 cm

Das Nest wird stets an horizontalen Flächen angeklebt. Augenfällig ist die äußere Form, die an eine Retorte erinnert. Die Auspolsterung ist sparsam.

Rauchschwalbe
(Hirundo rustica)

• *Feldkennzeichen:* stark gegabelter, langer Schwanz; rote Kehle • *Größe:* bis 20 cm • *Lebensraum:* meist in Siedlungen • *Nahrung:* Insekten • *Brutzeit:* Mai bis Juli • *Eier:* weiß, dunkel gefleckt; 20 × 14 mm; 3 – 6 pro Gelege • *Nest:* außen 10 – 35 cm

Das Nest von der Form einer Viertelkugel wird aus Erde, Speichel, Halmen und Haaren gebaut. Innen ist es glatt und mit Federn gepolstert.

Mehlschwalbe
(Delichon urbica)

• *Feldkennzeichen:* blauschwarz; Brust und Bürzel weiß • *Größe:* 12 – 15 cm • *Lebensraum:* meist in Siedlungen • *Nahrung:* Insekten • *Brutzeit:* Mai bis August • *Eier:* weiß, dunkel gefleckt; 19 × 13 mm; 3 – 6 pro Gelege • *Nest:* außen bis 20 cm

Wichtig für den Bau des meist halbkugligen Nestes ist Lehmerde. Sie wird mit Haaren durchsetzt. Am Nestbau beteiligen sich Männchen und Weibchen.

Uferschwalbe
(Riparia riparia)

• *Feldkennzeichen:* braunes Brustband • *Größe:* um 12 cm • *Lebensraum:* Gewässer mit Steilufer, auch in Siedlungen • *Nahrung:* Insekten • *Brutzeit:* Mai bis August • *Eier:* weiß; 18 × 13 mm; 3 – 7 pro Gelege • *Nest:* Ø Höhle um 15 cm

An steilen Ufern und Wänden wird mit Hilfe von Schnabel und Füßen eine bis zu 1 m tiefe Niströhre angelegt. Bevorzugt werden dabei sandige oder lehmige Böden. Am Ende erweitert sich die Röhre zur Nisthöhle; wo das Nest aus lockeren Halmen liegt.

Familie Würger (Laniidae)

Neuntöter
(Lanius collurio)

• *Feldkennzeichen:* rotbräunlicher Rücken • *Größe:* bis 20 cm • *Lebensraum:* Hecken und Gehölze, unterholzreiche Wälder • *Nahrung:* Insekten und andere Kleintiere • *Brutzeit:* Mai bis Juni • *Eier:* gelb bis rötlich, dunkel gefleckt; 23 × 17 mm; 4 – 6 pro Gelege • *Nest:* Ø außen um 16 cm

Das Nest wird immer tief in dichten Büschen oder Hecken angelegt. Es besteht aus kleinen Wurzeln, Stengeln und Moos. Die anderen Würgerarten bauen sehr ähnliche Nester.

In den 2 cm langen Speiballen, die der Neuntöter auswürgt, finden sich Chitinteile ebenso wie Haare und Knochen von Wirbeltieren.

Raubwürger
(Lanius excubitor)

• *Feldkennzeichen:* Stirn und Rücken bläulichweiß; schwarzer Augenstreif • *Größe:* um 25 cm • *Lebensraum:* Hecken und Gehölze • *Nahrung:* Insekten und andere Kleintiere • *Brutzeit:* April bis Mai • *Eier:* gelb bis grünlich, dunkel gefleckt; 27 × 20 mm; 5 – 7 pro Gelege • *Nest:* Ø außen um 25 cm

Bei Nahrungsüberangebot spießt der Raubwürger seine Beute auf Dornen o.ä. und verzehrt sie erst nach und nach, wobei größere Beutetiere in Stücke zerbissen werden. Auch der Raubwürger bringt unverdauliche Reste als Speiballen hervor.

Familie Rabenvögel (Corvidae)

Saatkrähe
(Corvus frugilegus)

• *Feldkennzeichen:* helle Schnabelwurzel • *Größe:* bis 50 cm • *Lebensraum:* Felder, auch in Siedlungen • *Nahrung:* vor allem Samen, Wurzeln und Abfälle aller Art • *Brutzeit:* März bis April • *Eier:* grünlich, mit dunklen Flecken; 40 × 28 mm; 4 – 5 pro Gelege • *Nest:* Ø außen um 50 cm

Die Reisignester der Saatkrähe stehen hoch in den Bäumen. das Baumaterial ist meist durch lehmige Erde verbunden. Die Nestmulde ist flacher als bei der Rabenkrähe.
Krähengewölle zeigen die große Nahrungspalette. Sie enthalten nicht nur erdige Bestandteile, sondern auch häufig Gegenstände aus der Umwelt des Menschen.

Rabenkrähe
(Corvus corone corone)

• *Feldkennzeichen:* Körper blauschwarz • *Größe:* bis 50 cm • *Lebensraum:* Felder und Wiesen, Parks • *Nah-*

rung: Kleintiere, Vögel, Aas, Obst • *Brutzeit:* März bis April • *Eier:* grünlich, dunkel gefleckt; 43 × 30 mm; 4 - 6 pro Gelege • *Nest:* Ø außen um 45 cm

Kolkrabe
(Corvus corax)

• *Feldkennzeichen:* Schwanz keilförmig; großer, starker Schnabel • *Größe:* um 62 cm • *Lebensraum:* Felder und Wiesen • *Nahrung:* Kleintiere, Aas, Obst • *Brutzeit:* Februar bis April • *Eier:* grünlich, mit dunklen Flecken; 50 × 34 mm; 4 – 6 pro Gelege • *Nest:* Ø außen bis 85 cm

Elster
(Pica pica)

• *Feldkennzeichen:* sehr langer Schwanz; schwarz-weißes Gefieder • *Größe:* um 45 cm • *Lebensraum:* Gärten und Parks, gern in Siedlungen (ausgesprochener Kulturfolger) • *Nahrung:* Insekten und andere Kleintiere, Aas, Obst • *Brutzeit:* April bis Mai • *Eier:* gelb bis grünlich, gefleckt; 34 × 24 mm; 5 – 7 pro Gelege • *Nest:* Ø außen um 40 cm

Das durch die Haube weithin auffällige Elsternest wird meist hoch in den Bäumen angelegt. Der Napf selbst ist lehmig und mit feinem Pflanzenmaterial (Wurzeln) ausgelegt.

Familie Pirole (Oriolidae)

Pirol
(Oriolus oriolus)

• *Feldkennzeichen:* Körper gelb bzw. grünlich; Flügel und Schwanz schwarz • *Größe:* um 25 cm • *Lebensraum:* Wälder und Parks • *Nahrung:* Insekten und Beeren • *Brutzeit:* Mai bis Juni • *Eier:* weiß bis zart rosa, leicht gefleckt; 31 × 21 mm; 3 – 5 pro Gelege • *Nest:* Ø außen 10 – 20 cm

Der kunstvolle Nestnapf wird in einer waagerechten Astgabel aufgehängt und mit feinstem Material (z.B. Gräsern) ausgelegt. Die Weibchen bauen die Nester allein.

Familie Grasmücken (Sylviidae)

Dorngrasmücke
(Sylvia communis)

• *Feldkennzeichen:* Flügel rostbraun • *Größe:* 14 cm • *Lebensraum:* in freiem Gelände mit Büschen und Hekken • *Nahrung:* vor allem Insekten, aber auch Beeren • *Brutzeit:* Mai bis Juli • *Eier:* weiß bis gelblich, dunkel gefleckt; 18 × 13 mm; 5 – 6 pro Gelege • *Nest:* Ø außen um 18 cm

Das typische Dorngrasmückennest steht meist sehr niedrig und gut verborgen in dichtem Pflanzenwuchs (Hecken). Das Männchen baut Spielnester, die manchmal auch als Brutnester angenommen werden.

Teichrohrsänger
(Acrocephalus scirpaceus)

• *Feldkennzeichen:* bräunlichgelber Augenstreif • *Größe:* um 12 cm • *Lebensraum:* vegetationsreiche Uferregionen (Schilf) • *Nahrung:* Insekten • *Brutzeit:* Mai bis Juni • *Eier:* weiß, dunkel gefleckt; 18 × 14 mm; 4 – 5 pro Gelege • *Nest:* Ø außen um 9 cm

Das schöne Körbchennest wird meist an zwei bis drei Stengeln befestigt. Zum Auspolstern verwendet der Teichrohrsänger häufig Wolle und Haare.

Wintergoldhähnchen
(Regulus regulus)

• *Feldkennzeichen:* gelber Scheitelstreifen • *Größe:* bis 10 cm • *Lebensraum:* Nadelwälder und Parks • *Nahrung:* Insekten und Samen • *Brutzeit:* April bis Juni • *Eier:* gelblichweiß; 13 × 10 mm; 8 – 10 pro Gelege • *Nest:* Ø außen um 12 cm

Das tiefnapfige, dickwandige Nest wird u.a. aus Flechten, Moosen gefertigt und mit Federn ausgelegt. Es bietet eine hervorragende Wärmeisolierung.

Fitis
(Phylloscopus trochilus)

• *Feldkennzeichen:* die Unterscheidung der Laubsänger gelingt am sichersten durch Vergleich der Stimmen • *Größe:* um 10 cm • *Lebensraum:* Hecken und unterholzreiche Wälder • *Nahrung:* Insekten • *Brutzeit:* Mai bis Juni • *Eier:* gelblichweiß, rot gefleckt; 15 × 12 mm; 6 – 7 pro Gelege • *Nest:* Ø außen bis 20 cm

Der überdachte Nestbau mit seitlichem Eingang (typisch für die Laubsänger) wird nur vom Weibchen errichtet. Er steht am Boden zwischen Gras und Kraut.

Familie Drosselvögel (Turdidae)

Singdrossel
(Turdus philomelos)

• *Feldkennzeichen:* Brust dunkel gefleckt • *Größe:* bis 25 cm • *Lebensraum:* Parks, Gärten und unterholzreiche Wälder • *Nahrung:* Insekten, Weichtiere und Beeren • *Brutzeit:* April bis Juli • *Eier:* grünlichblau; 27 × 21 mm; 4 – 5 pro Gelege • *Nest:* Ø außen 10 – 18 cm

Das Weibchen baut aus Reisern und Halmen (mit Moos) einen tiefen Nestnapf und streicht die feste, holzfarbene Mulde glatt aus.

Amsel
(Turdus merula)

• *Feldkennzeichen:* Männchen schwarz, mit gelbem Schnabel • *Größe:* 22 – 27 cm • *Lebensraum:* Parks, Gärten und unterholzreiche Wälder • *Nahrung:* Früchte und Beeren, Insekten und andere Kleintiere • *Brutzeit:* März bis Juli • *Eier:* grünlich, mit roten Flecken; 29 × 21 mm; 3 – 5 pro Gelege • *Nest:* Ø außen 12 – 18 cm

Das Nest ist dem der Singdrossel durchaus ähnlich, allerdings wird die Mulde nicht ausgestrichen, sondern mit Erde oder feinen Pflanzenteilen ausgelegt.

Rotkehlchen
(Erithacus rubecula)

• *Feldkennzeichen:* Brust und Kehle rötlich • *Größe:* bis 15 cm • *Lebensraum:* Parks, Gärten und unterholzreiche Wälder • *Nahrung:* Insekten, Weichtiere, Beeren und Früchte • *Brutzeit:* April bis Juli • *Eier:* gelblich, mit dunkler Zeichnung; 20 × 15 mm; 4 – 7 pro Gelege • *Nest:* Ø außen 12 – 22 cm

Das Rotkehlchen baut sein Nest fast immer am Boden und nutzt dabei gern Höhlen in Stubben u.ä. Verwendet werden Halme, Moos und Tierhaare.

Hausrotschwanz
(Phoenicurus ochruros)

• *Feldkennzeichen:* rauchschwarz; rötlicher Schwanz • *Größe:* bis 15 cm • *Lebensraum:* felsenreiches Gelände, gern in Siedlungen • *Nahrung:* Insekten und Spinnen, Beeren • *Brutzeit:* April bis Juli • *Eier:* weiß; 20 × 15 mm; 4 – 5 pro Gelege

Der Hausrotschwanz legt sein lockeres Nest in allen möglichen Nischen, Spalten und Löchern an (Verwendung von Haaren, Wolle und Fasern).
Im Kot weisen Chitin- und Fruchtreste auf die Hauptnahrung hin.

Familie Wasseramseln (Cinclidae)

Wasseramsel
(Cinclus cinclus)

• *Feldkennzeichen:* weiße Brust • *Größe:* bis 20 cm • *Lebensraum:* Bäche im Gebirge • *Nahrung:* Insekten und Weichtiere, kleine Fische • *Brutzeit:* April bis Juli • *Eier:* weiß; 26 × 19 mm; 4 – 6 pro Gelege • *Nest:* Ø außen bis 40 cm

Das mit Blättern ausgelegte Kugelnest wird immer in unmittelbarer Gewässernähe angelegt. Dabei nutzt die Wasseramsel natürliche und künstliche Halbhöhlen.

Familie Zaunkönige (Troglodytidae)

Zaunkönig
(Troglodytes troglodytes)

• *Feldkennzeichen:* kurzer, gestelzter Schwanz • *Größe:* 8 – 11 cm • *Lebensraum:* unterholzreiche Wälder, gern in Wassernähe • *Nahrung:* Insekten, Spinnen, Weichtiere • *Brutzeit:* April bis Juli • *Eier:* weiß, rot gefleckt; 17 × 13 mm; 4 – 7 pro Gelege • *Nest:* Ø außen um 14 cm

Das kuglige Nest, das gern mit Federn ausgepolstert wird, steht immer in direkter Bodennähe: in hohlen Stubben, unter umgefallenen Bäumen, im Dornengestrüpp usw.

Familie Stelzen (Motacillidae)

Bachstelze
(Motacilla alba)

• *Feldkennzeichen:* auffällige schwarz-weiße Zeichnung; langer, wippender Schwanz • *Größe:* 16 cm • *Lebensraum:* vorwiegend offenes Gelände, in Wassernähe • *Nahrung:* vor allem Insekten • *Brutzeit:* April bis Juli • *Eier:* bläulichweiß, graue bis bräunliche Punktierung; 20 × 17 mm • *Nest:* Ø außen 20 cm

Bei der Wahl des Nistplatzes zeigt die Bachstelze eine außergewöhnliche Flexibilität; auffällig ist aber die Nähe von Holz (z.B. Stapel, Balken).
Bachstelzen praktizieren einen schnellen Trippellauf, sie hüpfen nicht.

Familie Meisen (Paridae)

Kohlmeise
(Parus major)

• *Feldkennzeichen:* Brust gelb, mit schwarzem Mittelstrich • *Größe:* 12 – 15 cm • *Lebensraum:* Wälder und Parks • *Nahrung:* Insekten, Spinnen, Samen • *Brutzeit:* April bis Juli • *Eier:* weiß, rötlich gefleckt; 17 × 13 mm; 8 – 12 pro Gelege

Kohlmeisen brüten in allen denkbaren natürlichen und künstlichen Höhlen (auch Nistkästen).

Auf der Suche nach Nahrung (s. oben) erweisen sich die Kohlmeisen als ausgesprochen geschickt und erfindungsreich.

Familie Beutelmeisen (Remizidae)

Beutelmeise

(Remiz pendulinus)

• *Feldkennzeichen:* schwarzer Augenstreif • *Größe:* um 10 cm • *Lebensraum:* See- und Flußufer • *Nahrung:* Insekten • *Brutzeit:* Mai bis Juni • *Eier:* weiß; 16 × 11 mm; 6 – 7 pro Gelege • *Nest:* Ø außen bis 12 cm (Höhe bis 35 cm!)

Das kunstvolle Beutelnest wird gern in den äußersten Bereichen der Zweige von Weiden, Pappeln und Ulmen gebaut. Zur Polsterung verwendet die Beutelmeise Pflanzen- und Tierhaare.

Familie Schwanzmeisen (Aegithalidae)

Schwanzmeise

(Aegithalos caudatus)

• *Feldkennzeichen:* langer, abgestufter Schwanz • *Größe:* bis 15 cm • *Lebensraum:* Parks und unterholzreiche Wälder • *Nahrung:* Insekten • *Brutzeit:* April bis Juni • *Eier:* gelblichweiß, rötlich gefleckt; 14 × 11 mm; 7 – 13 pro Gelege • *Nest:* Ø außen um 12 cm (Höhe bis 25 cm!)

Die Nester finden sich oft nahe am Stamm und fallen äußerlich durch die Verwendung von weißlichen Flechten und Rinden auf. Zum Auspolstern verwendet die Schwanzmeise gern Federn.

Familie Kleiber (Sittidae)

Kleiber

(Sitta europaea)

• *Feldkennzeichen:* schwarzer Augenstreif bis zum Hals • *Größe:* bis 15 cm • *Lebensraum:* Wälder und Parks • *Nahrung:* Insekten, Nüsse und Samen • *Brutzeit:* April bis Mai • *Eier:* weiß, gefleckt; 20 × 15 mm; 6 – 9 pro Gelege

Zur Anlage des Nestes nutzt der Kleiber gern vorhandene Höhlen (vor allem von Spechten) und verkleinert zu große Öffnungen, indem er sie mit lehmiger Erde zumauert. Das Nest selbst ist ein locker aufgeschichteter Bau aus Rinden und Blattstücken.

Familie Stare (Sturnidae)

Star

(Sturnus vulgaris)

• *Feldkennzeichen:* schwarzes glänzendes Gefieder; im Herbst und Winter ganzer Körper weiß gefleckt • *Größe:* 20 – 24 cm • *Lebensraum:* Wiesen und Felder • *Nahrung:* Insekten und Schnecken, Obst • *Brutzeit:* Februar bis März • *Eier:* zart hellblau; 30 × 21 mm; 4 – 7 pro Gelege

Stare nutzen zum Brüten verschiedenartige Nisthöhlen (auch Nistkästen), in denen sie ihr sehr einfaches Nest einrichten.

Familie Finken (Fringillidae)

Buchfink

(Fringilla coelebs)

• *Feldkennzeichen:* grüner Bürzel; zwei weiße Flügelbinden • *Größe:* um 15 cm • *Lebensraum:* Wälder und Gärten, Parks • *Nahrung:* Samen und Insekten • *Brutzeit:* April bis Juni • *Eier:* gräulich, mit rötlichbrauner Zeichnung; 20 × 15 mm; 4 – 6 pro Gelege • *Nest:* Ø außen bis 12 cm

Die kunstvollen, tiefen Nestnäpfe werden besonders gern in Astgabeln angelegt. Außen finden sich häufig Rinden, Flechten und Gespinste. Das Nest wird nur vom Weibchen gebaut.

Grünfink
(Carduelis chloris)

• *Feldkennzeichen:* grünlichgrau; Flügel zart bläulich und gelb gezeichnet • *Größe:* um 15 cm • *Lebensraum:* Parks und Gärten, offene Wälder • *Nahrung:* Samen, Knospen, Triebe und Beeren • *Brutzeit:* April bis Juni • *Eier:* gräulichweiß, rot gezeichnet; 20 × 15 mm; 4 – 7 pro Gelege • *Nest:* Ø außen bis 15 cm

Das Nest (in Büschen, Hecken und Bäumen) steht selten höher als 3 m vom Boden entfernt. Beim Nestbau wird oft gröberes Pflanzenmaterial verflochten.

Stieglitz
(Carduelis carduelis)

• *Feldkennzeichen:* Kopf rot-weiß-schwarz • *Größe:* um 13 cm • *Lebensraum:* Gärten und Parks, lichte Wälder • *Nahrung:* Samen, Knospen und Insekten • *Brutzeit:* Mai bis Juli • *Eier:* zart bläulichweiß, mit rötlichbrauner Zeichnung; 17 × 13 mm; 4 – 6 pro Gelege • *Nest:* Ø außen um 14 cm

Das dickwandige Nest steht meist hoch in den Außenbereichen der Bäume und wird fein mit Pflanzenwolle ausgepolstert. Nur selten hilft das Männchen beim Bau.

Gimpel
(Pyrrhula pyrrhula)

• *Feldkennzeichen:* schwarze Kopfkappe • *Größe:* um 15 cm • *Lebensraum:* unterholzreiche Wälder, Parks • *Nahrung:* Knospen, Samen, Beeren • *Brutzeit:* Mai bis Juli • *Eier:* bläulich; 20 × 15 mm; 4 – 6 pro Gelege • *Nest:* Ø außen um 18 cm

Das locker gebaute Nest steht selten höher als 2 m im Gebüsch. Der Napf ist innen gut geglättet.

Kernbeißer

(Coccothraustes coccothraustes)

• *Feldkennzeichen:* kurzer, dicker Schnabel; Schwanzende weiß • *Größe:* bis 18 cm • *Lebensraum:* Gärten und Parks, offene Wälder • *Nahrung:* Früchte, Samen und Insekten • *Brutzeit:* April bis Mai • *Eier:* hellgrau, dunkel gezeichnet; 24 × 18 mm; 3 – 6 pro Gelege • *Nest:* Ø außen um 15 cm

Beim Verzehren von Früchten läßt der Kernbeißer das Fruchtfleisch unbeachtet. Bei Kirschen beispielsweise entfernt er das saftige Äußere, knackt dann den Kern, um an dessen Inhalt zu gelangen.

Fichtenkreuzschnabel

(Loxia curvirostra)

• *Feldkennzeichen:* Schnabelspitzen gekreuzt • *Größe:* bis 18 cm • *Lebensraum:* Fichtenwälder, (überwiegend im Gebirge) • *Nahrung:* Samen, Knospen und Insekten • *Brutzeit:* Januar bis April • *Eier:* weiß bis rahmfarben, sparsam dunkel gezeichnet; 22 × 16 mm; 3 – 4 pro Gelege • *Nest:* Ø außen um 12 cm

Die gekreuzten Schnabelspitzen scheinen prädestiniert, die begehrten Samen hinter den harten, holzigen Schuppen der Zapfen hervorzuholen.

Familie Webervögel (Ploceidae)

Haussperling

(Passer domesticus)

• *Feldkennzeichen:* Männchen mit grauem Scheitel; ohne dunklen Wangenfleck (Gegensatz zu Feldsperling) • *Größe:* um 15 cm • *Lebensraum:* Siedlungen • *Nahrung:* Samen und Insekten • *Brutzeit:* April bis August • *Eier:* weiß, stark gefleckt; 22 × 16 mm; 4 – 6 pro Gelege

Das überwiegend vom Männchen gebaute Nest macht einen variablen bis unordentlichen Eindruck.

Klasse Säugetiere (Mammalia)

Ordnung Insektenfressende Säugetiere (Insectivora)

Familie Igel (Erinaceidae)

Igel

(Erinaceus europaeus)

• *Feldkennzeichen:* Rücken mit dichtem Stachelkleid; spitze Schnauze • *Größe:* Körper 30 cm, Schwanz 2 cm lang; bis 1 000 g schwer • *Lebensraum:* Wiesen und Wälder, auch mit dichtem Unterwuchs • *Nahrung:* Kleintiere, Aas, Früchte • *Paarungszeit:* April bis August

Die Aktivität beginnt in der Dämmerung. Igel sind langsame Geher, bei Gefahr trippeln sie hochbeinig rasch davon. Sie können schwimmen, aber nicht springen; Hindernisse (bis 40 cm) werden kletternd überwunden.

Familie Maulwürfe (Talpidae)

Maulwurf

(Talpa europaea)

• *Feldkennzeichen:* große Grabschaufeln; weiches dichtes Fell • *Größe:* Körper 15 cm, Schwanz um 3 cm lang; um 100 g schwer • *Lebensraum:* vorwiegend Wiesen und Gärten • *Nahrung:* Insekten, Schnecken, Regenwürmer • *Paarungszeit:* April bis Juli

Der Maulwurf schafft weitverzweigte Gangsysteme (4 cm hoch und 5 cm breit) von bis zu 100 m Länge. Die „Maulwurfshaufen" über den Nestern sind auffällig vergrößert. In besonderen Kammern legt der Maulwurf Vorräte an (kein Winterschlaf !).

An die Oberfläche kommen Maulwürfe nur im Notfall (z.B. bei Überflutung des Gangsystems), und auch dann graben sie sich sehr rasch wieder ein.

Familie Spitzmäuse (Soricidae)

Waldspitzmaus
(Sorex araneus)

• *Feldkennzeichen:* maulwurfsähnlicher Eindruck • *Größe:* Körper bis 8,5 cm, Schwanz bis 5,5 cm lang; bis 16 g schwer (sehr variabel) • *Lebensraum:* verschiedene Biotope; sehr anpassungsfähig • *Nahrung:* Kleintiere, auch tote Wirbeltiere • *Paarungszeit:* April bis Dezember

Zur Unterscheidung beider Spitzmäuse zieht man vor allem die Farbe der Zahnspitzen heran: Waldspitzmaus – rot (Rotzahnspitzmäuse); Feldspitzmaus – weiß (Wimperspitzmäuse). Allerdings ist zu beachten, daß die rote Farbe bei alten Tieren durch Abnutzung der Zähne immer mehr verschwindet.

Feldspitzmaus
(Crocidura leucodon)

• *Feldkennzeichen:* scharf abgesetzte Ober- und Unterseite • *Größe:* Körper bis 9 cm, Schwanz bis 4 cm lang; bis 15 g schwer • *Lebensraum:* Wiesen, Gärten, im Winter auch Gebäude • *Nahrung:* Insekten und andere Kleintiere • *Paarungszeit:* März bis September

Wie andere Spitzmäuse auch benötigt die Feldspitzmaus den Schutz der Vegetation und nutzt gern die Gänge anderer Kleinsäuger.

Ordnung Fledermäuse (Chiroptera)

Familie Glattnasen (Vespertilionidae)

Großer Abendsegler
(Nyctalus noctula)

• *Feldkennzeichen:* rotbraun, im Winter dunkler • *Größe:* Körper bis 8 cm, Schwanz um 5 cm lang; bis 40 g schwer • *Lebensraum:* häufig in Parks (sogar in Großstätten) • *Nahrung:* vor allem größere Käfer und andere Insekten • *Paarungszeit:* ab August

Während die Form des Schädels innerhalb der Gruppe der Fledermäuse variiert, zeigt sich das "Insektenfresser“-

Gebiß recht einheitlich: dolchartige Eckzähne und breite, mit mehreren Spitzen versehene Backenzähne.

Großes Mausohr
(Myotis myotis)

• *Feldkennzeichen:* Rücken hellbraun; Haare zweifarbig • *Größe:* Körper bis 8 cm, Schwanz bis 6,5 cm lang; bis 45 g schwer • *Lebensraum:* häufig in der Nähe menschlicher Siedlungen • *Nahrung:* Laufkäfer (auch flugunfähige!) und andere Insekten • *Paarungszeit:* unterschiedlich, oft im Winterquartier

Ordnung Hasentiere (Lagomorpha)

Familie Hasen (Leporidae)

Feldhase
(Lepus europaeus)

• *Feldkennzeichen:* lange Ohren mit schwarzen Spitzen • *Größe:* Körper um 60 cm, Schwanz 10 cm lang; bis 5 kg schwer • *Lebensraum:* Wiesen, Felder und offene Wälder • *Nahrung:* Pflanzen, Pilze, Rinde • *Paarungszeit:* Januar bis August

Die häufig zu beobachtende Fraßspuren zeigen Unterschiede zwischen Hase und Kaninchen: während die Hasen die Stämme herablaufend schälen, werden sie vom Kaninchen geringelt.
Der Hase setzt bei seiner typischen Fortbewegungsweise, dem Sprung, immer die Hinterläufe vor die Vorderläufe. Seine Sasse legt er „unter Wind“ an und wechselt sie, sobald der Wind dreht.

Kaninchen
(Oryctolagus cuniculus)

• *Feldkennzeichen:* runder Kopf und lange Hinterläufe • *Größe:* Körper 40 cm, Schwanz bis 10 cm lang; 1 – 2 kg schwer • *Lebensraum:* Wiesen und Waldränder, auch in Siedlungsnähe • *Nahrung:* Früchte, Blätter und Wurzeln • *Paarungszeit:* ganzjährig

Die Spur des Kaninchens ist der des Hasen in vielem ähnlich, allerdings setzt es beim Hoppeln die Vorderpfoten nebeneinander, der Hase hintereinander.
Die kleine Kaninchenlosung findet man häufig auf erhöhten Plätzen in der Nähe des Baues – und in wesentlich größeren Mengen als die des Hasen.

Ordnung Nagetiere (Rodentia)

Unterordnung Hörnchenverwandte (Sciuromorpha)

Familie Hörnchen (Sciuridae)

Alpenmurmeltier
(Marmota marmota)

• *Feldkennzeichen:* dunkle bis rötliche Nagezähne • *Größe:* Körper 50 – 60 cm, Schwanz bis 20 cm lang; 7 kg schwer • *Lebensraum:* Offene, grasige Hochlagen der Alpen • *Nahrung:* Wurzeln, Gräser und Samen • *Paarungszeit:* April bis Mai

Die ortstreuen, geselligen Murmeltiere warnen sich durch Pfiffe und suchen bei Gefahr blitzschnell ihre Baue auf. Diese sind weit verzweigt und liegen (Sommerbau) verhältnismäßig flach unter der Erde.

Eichhörnchen
(Sciurus vulgaris)

• *Feldkennzeichen:* weiße Bauchseite; buschiger, langer Schwanz • *Größe:* Körper 20 cm, Schwanz 15 cm lang; 250 – 400 g schwer • *Lebensraum:* Laub- und Mischwälder • *Nahrung:* Allesfresser – aber vorrangig Samen, Früchte und Nüsse • *Paarungszeit:* Dezember bis Juli

Die komplizierten Bewegungsabläufe, z.B. beim Knacken von Nüssen, sind zum Teil angeboren und zum Teil erlernt. Nach dem Annagen der Nuß werden die unteren Nagezähne in die Öffnung eingeführt. Durch Spreizen der Zähne bricht die Nuß auf.

Familie Biber (Castoridae)

Biber
(Castor fiber)

• *Feldkennzeichen:* flacher, breiter, unbehaarter Schwanz (Kelle) • *Größe:* Körper bis 100 cm, Schwanz 33 cm lang; 25 – 32 kg schwer • *Lebensraum:* Uferbereich von stehenden oder fließenden Gewässern • *Nahrung:* Kräuter, Zweige, Blätter und Rinde • *Paarungszeit:* Januar bis März

Für seine Burgen und Dämme schneidet der Biber Zweige bis starke Bäume: dabei bilden die oberen Schneidezähne fest am Holz das Widerlager, die unteren raspeln. Die Eingänge zu den verschiedenen Burgformen liegen unter Wasser und enden entweder in einem Kessel oder auf einer Schlamminsel. Die Biberdämme variieren entsprechend dem Gelände.

Unterordnung Mäuseverwandte (Myomorpha)

Familie Langschwanzmäuse (Muridae)

Gelbhalsmaus
(Apodemus flavicollis)

• *Feldkennzeichen:* gelbes Band an der Kehle; weißliche Unterseite scharf abgesetzt • *Größe:* Körper um 10 cm, Schwanz bis 14 cm lang; 30 – 50 g schwer • *Lebensraum:* Wald und Feld; selten in Siedlungen • *Nahrung:* Beeren, Insekten • *Paarungszeit:* Februar bis August

Gelbhalsmäuse sind dämmerungs- und nachtaktiv. Sie bewegen sich oft in weiten Bogensprüngen und klettern ausgezeichnet. Das Nest aus Pflanzenteilen wird an den verschiedensten Plätzen, auch unterirdisch, angelegt.

Waldmaus
(Apodemus sylvaticus)

• *Feldkennzeichen:* graubraun – ältere Exemplare etwas rotbräunlich • *Größe:* Körper 10 cm, Schwanz um 10 cm lang; 15 – 30 g schwer • *Lebensraum:* Wälder, Gärten,

Felder • *Nahrung:* Beeren, Samen, Insekten • *Paarungszeit:* April bis Oktober

Waldmäuse tragen gern Haselnüsse und andere Früchte ein. Beim Öffnen entsteht eine Kante, deren äußerer Rand erhöht ist. Auf der Außenseite der Nuß sind die Spuren der oberen Schneidezähne zu sehen.

Zwergmaus
(Micromys minutus)

• *Feldkennzeichen:* zierlich, kleine Ohren; mit langem Greifschwanz • *Größe:* Körper 5 – 8 cm, Schwanz um 6 cm lang; bis 12 g schwer • *Lebensraum:* bevorzugt feuchte Biotope • *Nahrung:* Getreide und Beeren, Insekten • *Paarungszeit:* April bis September

Die ausgezeichneten Kletterer legen von Frühjahr bis Herbst kugelförmige kunstvolle Nester an, wobei die Wurfnester (Ø bis 10 cm) etwas größer als die Schlafnester (Ø bis 7 cm) sind.

Hausmaus
(Mus musculus domesticus)

• *Feldkennzeichen:* kleine Augen und vergleichsweise lange Ohren; Färbung variabel • *Größe:* Körper bis 10 cm, Schwanz 5 – 10 cm lang; 15 – 35 g schwer • *Lebensraum:* Scheunen, Keller und Stallungen • *Nahrung:* Getreidekörner, Samen und Insekten • *Paarungszeit:* ganzjährig

Hausmäuse bauen Nester aus weichem Material (auch mit Papier, Federn, Haaren). Sie sind sehr bewegungsaktiv – beim Laufen, Klettern und Springen.

Hausratte
(Rattus rattus)

• *Feldkennzeichen:* einfarbiger Schwanz länger als der Körper • *Größe:* Körper 15 – 23 cm, Schwanz bis 25 cm lang; bis 300 g schwer • *Lebensraum:* in Siedlungsnähe oder direkt in Scheunen und Speichern • *Nahrung:* Früchte und menschliche Abfälle aller Art • *Paarungszeit:* ganzjährig

Die Hausratte ist von der Wanderratte stark zurück-, gebietsweise sogar völlig verdrängt worden.

Wanderratte
(Rattus norvegicus)

• *Feldkennzeichen:* zweifarbiger Schwanz, etwas kürzer als der Körper; abgestumpfte Schnauze • *Größe:* Körper bis 28 cm, Schwanz um 24 cm lang; bis 600 g schwer • *Lebensraum:* in Siedlungen und Siedlungsnähe; meist unterirdisch • *Nahrung:* Abfälle; Getreide, Früchte, Aas und Kleinsäuger • *Paarungszeit:* ganzjährig

Die hoch intelligente und außerordentlich anpassungsfähige Wanderratte ist vor allem dämmerungs- und nachtaktiv. Schädlich wird sie auch durch das Anlegen großer Gangsysteme und Baue; sie errichtet Wohnkessel, die sie mit weichem Material auspolstert und mit Futter bevorratet.

Familie Wühlmäuse (Cricetidae)

Feldmaus
(Microtus arvalis)

• *Feldkennzeichen:* kurzes, dichtes Fell; Ober- und Unterseite farblich nicht scharf getrennt • *Größe:* Körper bis 13 cm, Schwanz 4 cm lang; 20 – 45 g schwer • *Lebensraum:* Wiesen und Felder • *Nahrung:* Getreide, Wurzeln, Früchte • *Paarungszeit:* ganzjährig

Wir beobachten weit verzweigte Gangsysteme (Ø 3,5 cm) mit vielen Ausstiegen, miteinander verbunden durch die oberirdischen Wechsel. An den Gangöffnungen liegen sehr häufig Kot und Futterreste. Die kugligen Nester bestehen vor allem aus trockenen Gräsern.

Erdmaus
(Microtus agrestis)

• *Feldkennzeichen:* breiter Kopf • *Größe:* Körper bis 14 cm, Schwanz 4,5 cm lang; bis 60 g schwer • *Lebens-*

raum: grasige, feuchte, offene Flächen • *Nahrung:* Wurzeln, Gräser, Samen • *Paarungszeit:* März bis November

Auch die Erdmaus legt dicht unter der Oberfläche Gangsysteme an (Ø bis 4 cm). Auf den Wechseln werden häufig abgebissene Planzenteile und Kot beobachtet.

Rötelmaus

(Clethrionomys glareolus)

• *Feldkennzeichen:* weiße Bauchseite; scheinbar ausgefranstes Schwanzende • *Größe:* Körper 8 – 14 cm, Schwanz 6 cm lang; 15 – 40 g schwer • *Lebensraum:* Laub- und Mischwälder, Parks • *Nahrung:* Wurzeln, Rinde, Gräser und Früchte • *Paarungszeit:* März bis Oktober

Rötelmäuse hinterlassen an Haselnüssen andere Fraßspuren als beispielsweise Waldmäuse (→ 313). Bedingt durch die andere Haltung der Nuß, entsteht eine Nagekante mit höherer Innenseite. Die von der Rötelmaus angelegten Nester werden übrigens auch als Fraßplätze und Speicher verwendet.

Schermaus

(Arvicola terrestris)

• *Feldkennzeichen:* sehr kurze Ohren; Färbung variabel • *Größe:* Körper bis 20 cm, Schwanz 10 cm lang; bis 200 g schwer • *Lebensraum:* Wiesen und Waldränder; oft in Uferregionen • *Nahrung:* Wurzeln, Früchte und Gräser (selten Kleintiere • *Paarungszeit:* März bis Oktober

Immer wieder kommt es zu Verwechslungen mit den Gangsystemen des Maulwurfes: die aufgeworfenen Haufen der Schermaus sind flacher und mit Gras vermengt; das Eingangsloch befindet sich neben dem Erdhaufen.

Bisamratte

(Ondatra zibethica)

• *Feldkennzeichen:* Schwanz seitlich zusammengedrückt und unbehaart • *Größe:* Körper bis 45 cm, Schwanz um 20 cm lang; bis 2 kg schwer • *Lebensraum:* stehende oder fließende Gewässer • *Nahrung:* Schilf, Pflanzen, Rinde und Wurzeln; auch Muscheln • *Paarungszeit:* März bis September

Je nach Gelände- bzw. Ufergestaltung legt die Bisamratte verschiedene Baue an: bei flach verlandenden Gewässern Kuppelburgen (aus Schlamm, Schilf usw.) hoch über dem Wasserspiegel; an Ufern werden Kessel mit mehreren Ausgängen unter Wasser gegraben.

Feldhamster
(Cricetus cricetus)

• *Feldkennzeichen:* kurzer Schwanz und kräftige Grabpfoten • *Größe:* Körper 25 cm, Schwanz 5 cm lang; 200 – 450 g schwer • *Lebensraum:* in der Nähe von Feldern (meist Getreide) • *Nahrung:* Getreidekörner und Hülsenfrüchte, auch Knollen • *Paarungszeit:* April bis August

Hamster legen Gangsysteme (Ø bis 8 cm) von großer Ausdehnung an, im Winter reichen sie bis zu einer Tiefe von 2 m. Meist verfügt jeder Hamster über mindestens eine Wohn- bzw. Nestkammer und eine Vorratskammer. Im Gangsystem sind schräge Ausgänge und senkrechte Eingänge (Fall- bzw. Fluchtröhren) zu unterscheiden.

Familie Schläfer (Gliridae)

Siebenschläfer
(Glis glis)

• *Feldkennzeichen:* langer buschiger Schwanz und dunkle Augenringe • *Größe:* Körper bis 20 cm, Schwanz um 15 cm lang; bis 200 g schwer • *Lebensraum:* Laub- und Mischwälder mit dichtem Unterholz • *Nahrung:* Insekten, Kleinvögel und Früchte • *Paarungszeit:* Juni bis August

Der Siebenschläfer legt freie, kugelförmige Nester in Büschen (Eingang seitlich), Baumhöhlen oder auch Nistkästen an. Der Winterschlaf (meist in Erdhöhlen) währt von Oktober bis Mai.

Haselmaus
(Muscardinus avellanarius)

• *Feldkennzeichen:* kurze Ohren und große Augen; Färbung variabel, zwischen gelblich und rötlich • *Größe:* Körper um 7 cm, Schwanz bis 8 cm lang; 20 – 40 g schwer • *Lebensraum:* Laub- und Mischwälder; Strauchvegetation • *Nahrung:* Insekten, Samen und Früchte • *Paarungszeit:* April bis Oktober

Aus zarten Pflanzenteilen, vor allem dünnen Gräsern, baut die Haselmaus ihr kugliges Nest (Ø bis 15 cm, Eingang seitlich). Den Winter verbringt sie entweder in selbstgebauten sehr dichten Kugelnestern oder an anderen geschützten Orten.

Ordnung Raubtiere (Carnivora)

Familie Hunde (Canidae)

Rotfuchs
(Vulpes vulpes)

• *Feldkennzeichen:* große spitze Schnauze und buschiger Schwanz; Ohren aufrecht • *Größe:* Körper 60 – 80 cm, Schwanz 40 cm lang; 10 kg schwer • *Lebensraum:* verschiedene Landschaften (auch Kulturfolger) • *Nahrung:* Aas, Mäuse, Insekten, Früchte • *Paarungszeit:* Januar bis Februar

Füchse jagen in einem größeren Revier und nur ausnahmsweise in Nähe ihres Baues. Vor allem zwischen Dickichten werden feste Wechsel über große Zeiträume beibehalten. Seinen Tagesplatz verläßt der Fuchs immer auf dem gleichen Pfad – dem Fuchspaß. In unmittelbarer Nähe des Fuchsbaues beobachtet man regelmäßig Reste von Beutetieren – anders als beim reinlichen Dachs.

Wolf
(Canis lupus)

• *Feldkennzeichen:* schräge Augen; langbeinig und breitnackig • *Größe:* Körper bis 160 cm, Schwanz 40 cm lang; bis 50 kg schwer • *Lebensraum:* offene Landschaften oder lichte Wälder • *Nahrung:* kleine bis größere Säugetiere, auch Beeren und Insekten • *Paarungszeit:* Dezember bis März

Die Wolfsspur ähnelt der unseres Hundes, allerdings drücken sich die Krallen stärker ab. Die weitaus häufigste Gangart ist der rasche Trab, wobei die Mitglieder eines Rudels sehr exakt hintereinander laufen. Ihre Zahl kann man deshalb nur in einer Kurve feststellen, wenn die Tiere etwas ausbrechen.

Familie Bären (Ursidae)

Braunbär
(Ursus arctos)

• *Feldkennzeichen:* dichtes, langes Fell; breiter Kopf • *Größe:* Körper 200 – 220 cm, Schwanz um 10 cm lang; 150 – 300 kg schwer • *Lebensraum:* gebirgige Waldgebiete • *Nahrung:* sehr vielseitig (z.B. Beeren, Triebe, Fische, Honig, Vögel) • *Paarungszeit:* April bis August

Ende des Jahres zieht sich der Braunbär in sein trockenes Winterlager (kein Winterschlaf!) zurück. Bären sind Paßgänger (mehr oder weniger gleichzeitiges Bewegen der Beine einer Körperseite), können aber auch sehr gut schwimmen und klettern.

Familie Kleinbären (Procyonidae)

Waschbär
(Procyon lotor)

• *Feldkennzeichen:* dicker, auffällig quergestreifter Schwanz • *Größe:* Körper bis 60 cm, Schwanz 30 cm lang; meist um 8 kg schwer • *Lebensraum:* Sümpfe und Wälder • *Nahrung:* Fische, Schnecken, Lurche, Mäuse, Früchte • *Paarungszeit:* Januar bis März

Ein gewandter Schwimmer und Kletterer, der sich inzwischen in Mitteleuropa an verschiedenen Orten heimisch fühlt. An der Spur erkennt man deutlich den Sohlengänger; vor den Zehenballen werden die Krallen abgedrückt – der Waschbär nagelt.

Familie Marder (Mustelidae)

Steinmarder

(Martes foina)

• *Feldkennzeichen:* weißer Kehlfleck • *Größe:* Körper bis 50 cm, Schwanz 25 cm lang; 2 kg schwer • *Lebensraum:* Mischwälder und Siedlungen (Dachböden!) • *Nahrung:* Kleinsäuger (Ratten) und Vögel • *Paarungszeit:* Juni bis August

Im Gegensatz zum Baummarder hält sich der Steinmarder nur ausnahmsweise auf Bäumen auf. Typisch für beide ist der Sprunggalopp mit deutlich sichtbaren paarigen Doppelspuren. Bei Höchstgeschwindigkeit werfen sie die Hinterbeine weit vor die Vorderbeine – man beobachtet eine Art Hasenspur.

Baummarder

(Martes martes)

• *Feldkennzeichen:* gelbbrauner Kehlfleck • *Größe:* Körper bis 50 cm, Schwanz bis 28 cm lang; bis 2 kg schwer • *Lebensraum:* Wälder und Parks • *Nahrung:* vor allem Kleinsäuger und Vögel, aber auch Eier, Insekten und Pflanzenfrüchte • *Paarungszeit:* Juni bis August

Der Baummarder ist mindestens ebenso geschickt und beweglich wie der Steinmarder. Zur Unterscheidung der Spuren beider Arten beachte man auch den Lebensraum.

Hermelin

(Mustela erminea)

• *Feldkennzeichen:* schwarzes Schwanzende; schmaler Körper • *Größe:* Körper 30 cm, Schwanz um 10 cm lang; 300 g schwer • *Lebensraum:* Felder, Ufer und Wälder • *Nahrung:* Kleinsäuger, Vögel und Lurche • *Paarungszeit:* März bis April (selten August)

Das Hermelin ist gewandt am Boden wie am Baum. Auffällig sind die relativ stark wechselnden Sprunglängen. Man beobachtet sowohl Paar- als auch Dreitritt.

Mauswiesel
(Mustela nivalis)

• *Feldkennzeichen:* kleinstes Raubtier; brauner Schwanz; auffälliger dunkler Fleck im Mundwinkel • *Größe:* Körper 20 cm, Schwanz 5 cm lang; 100 – 200 g schwer • *Lebensraum:* Wälder und Wiesen, Felder auch Siedlungen • *Nahrung:* Kleinsäuger und Fische, Insekten • *Paarungszeit:* unregelmäßig, oft Februar bis März

Fortbewegungsweise und Spur ähneln denen anderer Marder; natürlich sind die Abdrücke kleiner. Die Spur selbst reicht oft nicht weit: zu Steinhaufen, Mauselöchern usw.

Iltis
(Putorius putorius)

• *Feldkennzeichen:* sehr dunkles Fell mit hellerem Gesicht • *Größe:* Körper 30 – 45 cm, Schwanz 12 cm lang; um 1 kg schwer • *Lebensraum:* Wiesen, Felder; auch in Siedlungsnähe • *Nahrung:* Kleinsäuger, Aas und Fische • *Paarungszeit:* Februar bis April (selten im Sommer)

Die Spur ähnelt der der Marder, allerdings sind die Sprünge meist kürzer. Aufmerksam auf den Iltis wird man oft durch den starken Geruch, den das Tier unter Streß abgibt (Analdrüsensekret).

Fischotter
(Lutra lutra)

• *Feldkennzeichen:* Schwimmhäute; dicht anliegendes Fell • *Größe:* Körper bis 100 cm, Schwanz bis 50 cm lang; 5 – 10 kg schwer • *Lebensraum:* Uferbereich von Flüssen oder Seen • *Nahrung:* Fische, Vögel, Muscheln, Krebse • *Paarungszeit:* über das ganzer Jahr

Fischotter sind geschickte schnelle Schwimmer und Taucher (bis 8 min). Sie können sich aber auch auf dem Land ausgesprochen rasch fortbewegen und sogar etwas klettern.

Dachs
(Meles meles)

• *Feldkennzeichen:* an Kopf und Hals auffällig dicke schwarz-weiße Streifen • *Größe:* Körper 80 cm, Schwanz 15 cm lang; 10 – 20 kg schwer • *Lebensraum:* Laub- und Mischwälder • *Nahrung:* Aas, Pflanzen, Insekten, Kleinsäuger • *Paarungszeit:* unterschiedlich, (meist Februar bis September)

Auffallend deutlich und typisch für den Dachs sind die langen Abdrücke der Krallen – er nagelt im ruhigen Gang. Die Baue sind metertief und oft weitverzweigt (Dachsburg). Mit Blättern und Gräsern wird der Kessel (75 cm lang und 50 cm hoch) ausgelegt.

Familie Echte Katzen (Felidae)

Wildkatze
(Felis silvestris)

• *Feldkennzeichen:* dichtes, langes Fell; deutlich geringelter, stumpf endender Schwanz • *Größe:* Körper 40 – 70 cm, Schwanz bis 40 cm lang; bis 12 kg schwer • *Lebensraum:* Strauchvegetation, besonders in Bergwäldern • *Nahrung:* Kleinsäuger und Vögel • *Paarungszeit:* Februar bis April

Wildkatzen sind in der Dämmerung aktiv und jagen als standorttreue Einzelgänger in einem Revier von bis zu 3 km^2. Der Tritt ähnelt dem der Hauskatze sehr stark: nach Katzenart werden die Krallen eingezogen. Auch der Schädel gleicht dem der Hauskatze weitgehend.

Luchs
(Lynx lynx)

• *Feldkennzeichen:* spitze, dreieckige Ohren mit Haarpinseln • *Größe:* Körper 60 – 120 cm, Schwanz um 20 cm lang; bis 30 kg schwer • *Lebensraum:* Wälder; auch offene Feld- und Waldlandschaften – Strauchvegetation • *Nahrung:* kleine und mittelgroße Säugetiere (vor allem Rehe) • *Paarungszeit:* Februar bis Juni

Als dämmerungs- und nachtaktives Tier verfügt der Luchs über einen ausgezeichneten optischen Sinn. Seine Spur ähnelt der der Wildkatze, ist aber erheblich größer. Die Krallen bleiben eingezogen, und die Einzeltritte sind deutlich.

Familie Hundsrobben (Phocidae)

Seehund
(Phoca vitulina)

• *Feldkennzeichen:* großer, runder Kopf, ohne Ohrmuscheln; Körper stark gefleckt • *Größe:* 170 cm; 100 kg schwer • *Lebensraum:* vor allem Nordsee • *Nahrung:* Fische • *Paarungszeit:* August bis September

Charakteristisch ist das recht mühsame „Robben“ am Boden; dabei stützen sich die Vorderfüße vom Untergrund ab. Im Wasser sind Seehunde glänzende Schwimmer und Taucher.

Ordnung Paarhuftiere (Artiodactyla)

Familie Schweine (Suidae)

Wildschwein
(Sus scrofa)

• *Feldkennzeichen:* kurzbeinig; keilförmiger Kopf • *Größe:* Körper 120 – 180 cm, Schwanz um 30 cm lang; 80 – 200 kg schwer • *Lebensraum:* in dichten Wälder, Sümpfen, auch auf Feldern • *Nahrung:* Aas, Früchte und Kleintiere • *Paarungszeit:* November bis Januar

An trockenen und geschützten Stellen in der Dickung wird der Wurfkessel eingerichtet: eine ausgewühlte Mulde, die mit Gras, Laub und Zweigen ausgepolstert wird – meist mehrere Schichten.
Ausgesprochen gern suchen Wildschweine ihre Suhlen und (danach) die Malbäume auf, wenn sie am Morgen in die Dickung einschieben. So feste Wechsel wie bei Dachs, Fuchs und Hase beobachtet man beim Schwarzwild im übrigen nicht.

Familie Hirsche (Cervidae)

Rothirsch
(Cervus elaphus)

• *Feldkennzeichen:* Fell im Sommer braunrot, im Winter braungrau; Spiegel gelblich bis rötlich • *Größe:* Körper 200 cm, Schwanz 10 cm lang; bis 180 kg schwer • *Lebensraum:* Laub- und Mischwälder, Felder und Wiesen • *Nahrung:* Blätter und Früchte, aber auch Rinde • *Paarungszeit:* September bis Oktober

In den Monaten Juli bis August ist Fege- oder auch Bastzeit, so daß die „Waffe" (Geweih) zur Brunft blank zur Verfügung steht. Das Scheuern (am Malbaum) sieht man übrigens beim Rotwild seltener als beim Schwarzwild.
An der Fährte kann der Kundige nicht nur das Geschlecht, sondern auch das ungefähre Alter des Stückes bestimmen.

Damhirsch
(Cervus dama)

• *Feldkennzeichen:* rötlichbraun, im Sommer mit auffällig hellen Flecken • *Größe:* Körper 150 cm, Schwanz bis 20 cm lang; 80 – 90 kg schwer • *Lebensraum:* lichte Laub- und Mischwälder • *Nahrung:* vielseitig – Eicheln, Blätter und Triebe • *Paarungszeit:* Oktober bis November

Nachdem der männliche Dammhirsch (Schaufler) im April das Geweih abgeworfen hat, „fegt" er das Folgegeweih im August. Vor der Brunft im Herbst bearbeitet er Stämme und Büsche mit seinen Schaufeln. Der Gang des Damwildes erweckt einen behäbigen Eindruck. Das Suhlen findet man bei ihm nur ausnahmsweise.

Reh
(Capreolus capreolus)

• *Feldkennzeichen:* geperltes Gehörn mit meist drei Enden • *Größe:* Körper 130 cm, Schwanz 2 – 3 cm lang; bis 30 kg schwer • *Lebensraum:* Laub- und Mischwälder, Äcker und Weiden • *Nahrung:* vielseitig – verschiedene

Kräuter und Gräser, aber auch Pilze und Früchte (z.B. Eicheln) • *Paarungszeit:* hauptsächlich Juli bis August

Rehe sind gute Springer und Läufer; die Beobachtung gelingt am besten während der Hauptaktivität – in den Zeiten der Dämmerung. Die Fährte des Rehes ist ausgesprochen zierlich, klein. Bei der Flucht fallen die hohen Sprünge auf. Männchen markieren und verteidigen ihre Reviere.

Elch

(Alces alces)

• *Feldkennzeichen:* hochbeinig; Oberlippe stark ausgebildet (Muffel) • *Größe:* Körper bis 300 cm, Schwanz um 5 cm lang; 200 – 600 kg (!) schwer • *Lebensraum:* Laubwälder in Skandinavien und Nordosteuropa • *Nahrung:* Zweige, Rinden, auch Flechten • *Paarungszeit:* August bis Oktober

Der Elch ist vorwiegend in der Dämmerung aktiv. Er gilt als schneller und ausdauernder Läufer (mehr als 50 km/h über große Strecken); klare Reviergrenzen werden nicht beobachtet. Sein Trittsiegel ist allein durch die außergewöhnliche Größe unverwechselbar.

Ren

(Rangifer tarandus)

• *Feldkennzeichen:* dunkelbraunes Fell; breite Hufe und deutlich sichtbarer Schwanz • *Größe:* Körper um 200 cm, Schwanz bis 15 cm lang; bis 200 kg schwer • *Lebensraum:* Taiga und arktische Tundra • *Nahrung:* Kräuter, Beeren, Knospen und Triebe • *Paarungszeit:* September bis Oktober

Das Ren ist tagaktiv und vermag bei jahreszeitlich bedingten Wanderungen erstaunliche Strecken zurückzulegen. Dabei ist der schnelle und gleichmäßige Trab die überaus häufigste Gangart.

Familie Rinder (Bovidae)

Mufflon
(Ovis ammon musimon)

• *Feldkennzeichen:* stark ausladendes gedrehtes Gehörn • *Größe:* Körper 120 cm, Schwanz bis 10 cm lang; 50 – 60 kg schwer • *Lebensraum:* steinige Böden in Hochlagen • *Nahrung:* Gräser, Früchte, Farne, Moose • *Paarungszeit:* Oktober bis November

Zwischen Äsungs- und Einstandsplätzen wechselt das Mufflon ständig. Man beobachtet dabei sowohl den raschen, grazilen Gang als auch den gewaltigen Sprung über das hohe Hindernis.
Charakteristisch für die Fährte des Mufflons ist die verschiedene Spreizung der Schalen und der deutliche Abdruck der Schalenkante. Der Abdruck der Afterklauen zeigt sich nur auf sehr weichen Böden.

Alpensteinbock
(Capra ibex)

• *Feldkennzeichen:* Männchen mit sanft nach hinten gebogenen Hörnern; Kinnbart • *Größe:* Körper 100 – 150 cm, Schwanz bis 16 cm lang; 50 – 130 kg schwer • *Lebensraum:* steinige Böden über der Baumgrenze • *Nahrung:* Knospen und Triebe, Gräser und Kräuter • *Paarungszeit:* Dezember bis Februar

Der Alpensteinbock ist an das Klettern im Fels ausgezeichnet angepaßt (anschmiegsame Sohlen, nicht verbundene Hufe). Er meidet Tal wie Gletscher und bewegt sich ausschließlich im Schritt oder Galopp.

Gemse
(Rupicapra rupicapra)

• *Feldkennzeichen:* helles Gesicht; kleine, nach hinten unten gebogene Hörner • *Größe:* Körper bis 150 cm, Schwanz bis 10 cm lang; 25 – 50 kg schwer • *Lebensraum:* gebirgige Lagen Mitteleuropas • *Nahrung:* Rinden und Zweige, Gräser • *Paarungszeit:* Oktober bis Dezember

Ein trittsicherer Kletterer mit elastischen und „verstellbaren“ Hufen. Im Sprung auf weicherem Boden zeigt sich die Dehnbarkeit der Fußgelenke: die hochsitzenden Afterklauen werden im Abstand von 10 cm abgedrückt.

Wisent

(Bison bonasus)

• *Feldkennzeichen:* langes, dichtes Fell; bulliger Körper; hoher Buckel • *Größe:* Körper 200 – 350 cm, Schwanz bis 80 cm lang; 400 – 900 (!) kg schwer • *Lebensraum:* Laub- und Mischwälder • *Nahrung:* Gräser, Blätter • *Paarungszeit:* August bis September

Ein charakteristisches Herdentier, das sich fast ausschließlich im langsamen, gleichmäßigen Schritt bewegt. Nur während der Brunft benutzen die Männchen die Hufe als Grabschaufeln und zerstören den Boden.

Register

Die fetten Ziffern verweisen auf den Textteil, die normal gesetzten Ziffern auf den Bildteil.

A

B

C

D

G

H

I

J

K

L

M

N

O

R

S

T

U

V

W

X

Y

Z